Handbook of Fish Vaccines

水産用ワクチンハンドブック

中西照幸・乙竹 充（編）

恒星社厚生閣

序　文

　水産増養殖の現場では，漁場環境の悪化，高密度飼育，えさの品質低下等に起因する感染症の発生と，それに伴う深刻な被害が続いている．魚病の問題が表面化してから既に半世紀以上が過ぎたが，依然として病気の発生は増養殖業の発展を妨げる大きな阻害要因となっている．また，近年のコイヘルペスウイルス病やアユ冷水病等は，養殖場のみならず天然水域でも発生し，水産業だけでなく生態系の保全等の社会的な問題にもなっている．

　我が国の魚病対策は，これまでその大きな部分を抗菌性薬剤による細菌病の治療に頼ってきた．ところが近年では，耐性菌の増加，抗菌剤の魚への残留に対する消費者の懸念の高まり，および薬剤が無効なウイルス病の流行等により，魚病対策における抗菌剤の有用性は低下している．一方，ワクチンを中心とした予防対策には，これらの諸問題を解決する力があり，さらに，計画的な生産により養殖業の経営の安定化にも寄与できる．実際にブリ属魚類においては，ワクチンの普及により魚病の被害額は大きく減少している．治療対策から予防に主眼を置いた防疫対策への転換が，行政，業界両サイドから進められており，ここ数年，水産用ワクチン，特に海産魚用ワクチンの開発・実用化が活発に進められている．そして，2005年前後には，販売額ではワクチンが薬剤を追い抜くという状況が生まれている．

　このように，水産用ワクチンは追い風の下，急速に養殖現場に普及しつつあるが，それに伴い新たな問題も生じている．第1に，ワクチンの種類が圧倒的に不足している．近年の抗菌剤が幅広い細菌に有効であるのと異なり，1つのワクチンは原則として1つの病気にしか有効でない．我が国において現在実用化されているワクチンは，ビブリオ病，αおよびβ溶血性連鎖球菌症，類結節症およびマダイイリドウイルス病に対するワクチンの5種類のみであり，多大な被害が出ている他の多くの病気についてはワクチンが期待されているが，まだ実用化には至っていない．さらに，承認されているワクチンについても，魚種が限られている．前述の通り，近年の抗菌剤は幅広い細菌に有効であるが，ワクチンは病気ごとに開発する必要があり，開発には時間がかかる．第2に，ワクチンに対する使用者の理解が不足しているために，本来の効果が得られていない状況が生まれている．直接病原体に作用する抗菌剤と異なり，ワクチンは魚の免疫力を利用して間接的に病原体に作用する．そのため，ワクチンの効果を最大限に発揮させるためには，魚の免疫を理解して，普段から，そして投与時にも，魚の免疫能を高く保っておく必要がある．

　ワクチンの普及に伴うこれらの問題を解決するためには，ワクチンの開発やその適切な使用のベースとなる魚類免疫の基礎から，現場における適切なワクチンの使用や要望に至るまで，広範囲な知識が必要である．しかし，このような知識を総合的にかつ平易にまとめた本はない．そこで，現場やメーカーの研究者および行政の担当者を執筆陣に迎え，ワクチンの基礎から開発までの過程，さらに現場での使用に至る内容を一冊の本にまとめることを思い立った．具体的には，最近の学問的成果を盛り込みながら，魚類の免疫機構と共に，ワクチンの原理，投与法，市販ワクチンの概説，国内外のワクチンの開発動向，法令，販売・使用状況，並びにワクチン開発の経緯，問題点等を，なるべくわかりやすく解説した．この本を契機として，予防に主眼を置いた防疫対策がより一層進み，治療から予防への流れが不動のものとなることを祈っている．

本書においては，病気の名前については最新の魚病学の教科書（改訂・魚病学概論）に従い，ワクチン名については法令に従い，魚種名をひらがなにするなど動物用生物学的製剤基準に従って表記した．

　最後に本書の出版にあたって大変お世話になった恒星社厚生閣の佐竹あづさ氏と白石佳織氏に厚く御礼申し上げる．

　　2009年3月

中西照幸・乙竹　充

執筆者紹介 (50音順)

大 島　　慧	1935年生,	北海道大学獣医学部卒, 田辺製薬(株)で動物薬の研究開発に従事, 定年後(社)日本動物用医薬品協会
小 川　　滋	1963年生,	東京水産大学大学院修士課程修了, 長野県水産試験場研究員
*乙 竹　　充	1960年生,	東京大学大学院農学系修士課程修了, 水産総合研究センター 養殖研究所病害防除部 健康管理研究グループ長
小 松　　功	1952年生,	水産大学校増殖学科卒, 共立製薬株式会社 先端技術開発センター
高 木 修 作	1958年生,	高知大学大学院農学研究科修士課程修了, 愛媛県農林水産研究所 水産研究センター 係長
*中 西 照 幸	1949年生,	北海道大学大学院水産学研究科博士課程単位修得後退学, 日本大学生物資源科学部教授
福 田　　穣	1957年生,	高知大学大学院農学研究科修士課程修了, 大分県農林水産研究センター 水産試験場主幹研究員
真 鍋 貞 夫	1958年生,	香川大学大学院医学系研究科博士課程修了, 財団法人阪大微生物病研究会観音寺研究所 研究・技術部 部長
水 野 芳 嗣	1954年生,	宮崎大学大学院農学研究科修士課程修了, 八幡浜漁業協同組合 魚病研究室 室長
野 牛 一 弘	1954年生,	北海道大学大学院獣医学研究科修士課程修了, 農林水産省動物医薬品検査所検査第一部魚類製剤検査室長
山 本 欣 也	1970年生,	日本大学農獣医学部獣医学科卒, 農林水産省消費・安全局畜水産安全管理課 動物医薬品安全専門官

* 編者

水産用ワクチンハンドブック
目次

序　文 ……………………………………………………………(中西照幸・乙竹　充)

第1章　魚類の免疫機構 ……………………………………………(中西照幸) ………1
　§1．概　説 ………………………………………………………………………1
　　1-1　非特異的防御と特異的防御 ……………………………………1
　　1-2　魚類の免疫機構の特徴 …………………………………………1
　　1-3　リンパ器官と免疫関連細胞 ……………………………………2
　§2．非特異的防御機構 …………………………………………………………3
　　2-1　体表における防御 ………………………………………………3
　　2-2　細胞性因子 ………………………………………………………4
　　2-3　液性因子 …………………………………………………………4
　§3．特異的防御機構 ……………………………………………………………6
　　3-1　特異的防御に関わる細胞および分子 …………………………6
　　3-2　細胞性免疫 ………………………………………………………8
　　3-3　液性免疫 …………………………………………………………9
　§4．魚類における免疫応答能の発達 ……………………………………10
　　4-1　リンパ器官の発達 ………………………………………………10
　　4-2　細胞性免疫機能の発達 …………………………………………10
　　4-3　液性免疫機構の発達 ……………………………………………10
　§5．免疫応答の調節 ……………………………………………………………12
　　5-1　水温の影響 ………………………………………………………12
　　5-2　季節変化・性成熟 ………………………………………………12
　　5-3　免疫応答の抑制 …………………………………………………13
　　5-4　免疫応答の増強 …………………………………………………14

第2章　ワクチンの原理と種類 ……………………………………(中西照幸) ………16
　§1．ワクチンの歴史 ……………………………………………………………16
　§2．ワクチンの原理 ……………………………………………………………16
　§3．ワクチンの種類 ……………………………………………………………17

第3章　ワクチンの投与方法 ………………………………………(乙竹　充) ………19
　§1．すべての投与法に共通する使用上の注意とその理由 …………19
　　1-1　ワクチンについて ………………………………………………19
　　1-2　魚 …………………………………………………………………20
　　1-3　術者（注射を打つ人）……………………………………………20
　　1-4　投与計画 …………………………………………………………21

vii

- §2．注射法 ·· 22
  - 2-1　特　徴 ·· 22
  - 2-2　準　備 ·· 22
  - 2-3　接種作業 ·· 26
- §3．浸漬ワクチン ·· 28
  - 3-1　特　徴 ·· 28
  - 3-2　開発の歴史 ··· 28
  - 3-3　浸漬法に影響を与える要因 ·· 29
  - 3-4　使用方法と使用上の注意 ·· 29
- §4．経口法 ·· 30
  - 4-1　特　徴 ·· 30
  - 4-2　使用上の注意 ··· 30

第4章　市販ワクチン ··································(乙竹　充) ··············33
- §1．概　論 ·· 33
  - 1-1　市販ワクチンの種類 ·· 33
  - 1-2　多価ワクチン ··· 33
- §2．各　論 ·· 34
  - 2-1　あゆのビブリオ病不活化ワクチン（1価浸漬ワクチン）····················· 37
  - 2-2　さけ科魚類のビブリオ病不活化ワクチン（2価浸漬ワクチン）··············· 37
  - 2-3　ぶりのビブリオ病不活化ワクチン（1価浸漬ワクチン）····················· 38
  - 2-4　ぶりのα溶血性レンサ球菌症不活化ワクチン
    （1価経口または注射ワクチン）··· 38
  - 2-5　イリドウイルス感染症不活化ワクチン（1価注射ワクチン）················· 39
  - 2-6　ひらめのβ溶血性レンサ球菌症不活化ワクチン（1価注射ワクチン）······ 40
  - 2-7　ぶりのα溶血性レンサ球菌症およびビブリオ病不活化ワクチン
    （2価注射ワクチン）·· 40
  - 2-8　ぶり属魚類のイリドウイルス感染症およびα溶血性レンサ球菌症
    不活化ワクチン（2価注射ワクチン）···································· 41
  - 2-9　ぶりのα溶血性レンサ球菌症および類結節症（油性アジュバント加）
    不活化ワクチン（2価注射ワクチン）···································· 41
  - 2-10　ぶりおよびかんぱち（ぶり属魚類）のイリドウイルス感染症，ビブリオ病
    およびα溶血性レンサ球菌症不活化ワクチン（3価注射ワクチン）········ 42

第5章　開発中のワクチン ······························(乙竹　充) ··············44
- §1．ワクチン開発概論 ·· 44
  - 1-1　病原体に関する基礎的な試験 ·· 44
  - 1-2　ワクチン開発研究 ··· 45
- §2．ワクチン開発各論 ·· 45
  - 2-1　ブリのノカルジア症 ··· 45

2-2　ブリの細菌性溶血性黄疸 …………………………………………… 46
　2-3　ブリのストレプトコッカス・ディスガラクチエ（*Streptococcus dysgalactiae*
　　　subsp. *dysgalactiae*）感染症（ブリ属魚類のC群連鎖球菌症）……… 46
　2-4　ヒラメのストレプトコッカス・パラウベリス（*Streptococcus parauberis*）
　　　感染症（ヒラメの新型連鎖球菌症）………………………………… 46
　2-5　エドワジエラ症（ヒラメ，マダイ，ウナギ）……………………… 47
　2-6　アユの冷水病（細菌性冷水病）……………………………………… 47
　2-7　フグの白点病 ………………………………………………………… 48
　2-8　サケ科魚類のせっそう病，ビブリオ病，β溶血性連鎖球菌症 …… 49
　2-9　ハタ類のウイルス性神経壊死症（VNN）…………………………… 49

第6章　海外におけるワクチンの使用および開発 ……………（中西照幸）……52
　§1．海外における魚類ワクチン普及の現状 ………………………………… 52
　§2．ノルウェーにおけるワクチン使用の動向 ……………………………… 54
　§3．海外における魚類ワクチン開発の現状 ………………………………… 56

第7章　新しいワクチンの開発動向 ……………………（中西照幸・乙竹　充）……58
　§1．サブユニットワクチン（成分ワクチン）……………………………… 58
　§2．遺伝子組み換え生ワクチン ……………………………………………… 58
　§3．病原性遺伝子欠損ワクチン ……………………………………………… 59
　§4．ペプチドワクチン ………………………………………………………… 59
　§5．DNAワクチン …………………………………………………………… 59
　§6．リポソームワクチン ……………………………………………………… 62
　§7．粘膜ワクチン ……………………………………………………………… 63
　§8．食物ワクチン ……………………………………………………………… 63

第8章　市販ワクチン開発の経緯 ……………………………………………… 65
　§1．ビブリオ病ワクチン開発の経緯 ………………………（小松　功）…… 65
　　1-1　研究開発の経緯 ……………………………………………………… 65
　　1-2　開発研究体制 ………………………………………………………… 66
　　1-3　開発研究 ……………………………………………………………… 66
　　1-4　効果（経済効果）…………………………………………………… 67
　　1-5　ビブリオ病"再感染"へのアプローチ …………………………… 67
　§2．レンサ球菌症ワクチン開発の経緯 ……………………（小松　功）…… 69
　　2-1　研究開発の経緯 ……………………………………………………… 69
　　2-2　開発研究体制 ………………………………………………………… 71
　　2-3　開発研究 ……………………………………………………………… 71
　　2-4　効果（経済効果）…………………………………………………… 72
　§3．イリドウイルス感染症不活化ワクチン ………………（真鍋貞夫）…… 73
　　3-1　マダイイリドウイルス病 …………………………………………… 73

  3-2 「イリドウイルス感染症不活化ワクチン」の開発の経緯 …………… 73
  3-3 適応魚種拡大について …………………………………………………… 76
  3-4 おわりに …………………………………………………………………… 76

第9章 現場における使用状況，現場からの要望 ……………………………… 78
 §1．ブ リ ……………………………………………………………（高木修作）……… 78
  1-1 養殖および魚病発生の推移 …………………………………… 78
  1-2 用法別のワクチンの使用状況 ………………………………… 79
  1-3 各ワクチンの普及とその効果 ………………………………… 80
  1-4 今後の課題 ……………………………………………………… 82
 §2 ヒラメ ………………………………………………………………（福田　穣）……… 84
  2-1 養殖および魚病発生の推移 …………………………………… 84
  2-2 ワクチンの普及とその効果 …………………………………… 84
  2-3 今後の課題 ……………………………………………………… 85
 §3．ニジマス ………………………………………………………（小川　滋）……… 89
  3-1 ニジマスおよび魚病発生の推移 ……………………………… 89
  3-2 ワクチン普及とその効果 ……………………………………… 90
  3-3 今後の課題 ……………………………………………………… 91
 §4．現場からの要望 ……………………………………………（水野芳嗣）……… 93

第10章 ワクチンの安全性と有効性の確保（国家検定による品質管理）
  ……………………………………………………………………（野牛一弘）……… 98
 §1．薬事法に基づくワクチンの品質確保制度 ……………………………… 98
 §2．国家検定の手順 ……………………………………………………………… 98
 §3．国家検定における試験の概要 …………………………………………… 99
  3-1 試験項目 ………………………………………………………… 99
  3-2 安全性試験 ……………………………………………………… 99
  3-3 有効性試験 ……………………………………………………… 100
 §4．最後に ……………………………………………………………………… 100

第11章 水産用ワクチンの許認可制度および使用体制 …………（山本欣也）……… 101
 §1．動物用医薬品製造販売業の許可 ………………………………………… 101
  1-1 許可の要件 ……………………………………………………… 101
  1-2 許可の手続 ……………………………………………………… 101
 §2．動物用医薬品の製造販売の承認 ………………………………………… 102
  2-1 必要な資料 ……………………………………………………… 102
  2-2 承認の手続 ……………………………………………………… 103
 §3．水産用ワクチンの使用体制 ……………………………………………… 104

第12章　水産用ワクチンの販売動向 ………………………………(大島　慧)………106
　§1．概　説 …………………………………………………………………106
　§2．水産用ワクチンの販売高の推移 ……………………………………106
　§3．抗菌剤治療よりワクチンによる予防へ ……………………………109

第13章　魚類ワクチン開発における問題点と課題 ………………(中西照幸)………110
　§1．ワクチン評価法の確立 ………………………………………………110
　§2．試験魚の確保と供給 …………………………………………………110
　§3．多魚種，少生産の問題 ………………………………………………111
　§4．ワクチン開発・市販の迅速化 ………………………………………111
　§5．細胞内寄生性細菌への対応 …………………………………………111
　§6．生ワクチンの開発 ……………………………………………………111
　§7．ワクチン投与法の改良 ………………………………………………112
　§8．仔稚魚期における防御能の付与 ……………………………………112

第14章　ワクチン以外の免疫学的予防法 …………………………(中西照幸)………114
　§1．受動免疫 ………………………………………………………………114
　§2．母子免疫 ………………………………………………………………114

　資　料 ………………………………………………………………………119

魚類の免疫機構

§1. 概　説

1-1　非特異的防御と特異的防御

　生体防御システムは，非特異的防御と特異的防御に大別することができる．前者は先天的免疫あるいは自然免疫，後者は獲得免疫あるいは適応的免疫と呼ぶ（図1-1）．自然免疫には，マクロファージや好中球あるいは補体やリゾチーム等の非特異的な細胞性又は液性因子による反応が含まれる．一方，獲得免疫は，抗体を中心とする液性免疫とTリンパ球（T細胞）が中心的な役割を演じる細胞性免疫に分けることができる．又，図1-1は体全体の応答に基づいて分類したものであるが，これに対し，体の一部における応答，すなわち，消化管や皮膚等における局所的な免疫応答（局所免疫）も存在する．

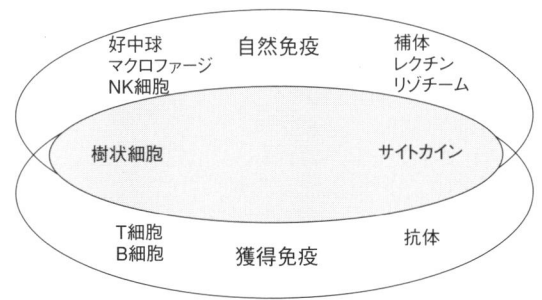

図1-1　魚類における生体防御システム

　生体防御を進化という観点から見ると，非特異的な反応から特異的な反応への発展と捉えられる．すなわち無脊椎動物には獲得免疫は存在せず，自然免疫に属する非特異的な細胞性および液性因子により異物の侵入から自己を守っている．これに対して，軟骨魚類以上の脊椎動物になると記憶と特異性を備えた獲得免疫が加わる．このように，自然免疫は起源が古く"古い免疫"ということができ，一方，獲得免疫は"新しい免疫"ということができる．こうした流れは個体発生とも軌を一にしている．即ち，個体発生の初期には，非特異的な"古い免疫"が生体防御の主流であるが，成長するにつれて次第に特異的な"新しい免疫"が加わり，より複雑な生体防御系を形成する．たとえば，仔稚魚においては自然免疫に生体防御を委ねているが，成長するにつれて，細胞性免疫や液性免疫システムが成熟し，獲得免疫が加わってくる．更に，この個体発生にみられる発達は感染防御にもみられる．つまり，感染の初期には非特異的な因子が主流であるが，このバリアーを破って侵入する異物に対しては，より効率的で特異的な因子が反応を担うようになる．

1-2　魚類の免疫機構の特徴

　現存の魚類は，円口類，軟骨魚類および硬骨魚類に分けられる．しかし，同じ魚類といってもこれらにおける免疫システムの発達の度合いは大きく異なる．すなわち，円口類のメクラウナギで

1

は胸腺や脾臓の分化は認められず，獲得免疫も発達していない．一方，軟骨魚類や硬骨魚類では，胸腺や脾臓等独立したリンパ器官を有している．液性および細胞性免疫応答はいずれも高等脊椎動物のそれに匹敵するほど発達し，免疫グロブリン（Ig），主要組織適合遺伝子複合体（MHC），T細胞レセプター（TCR）等の特異的な抗原認識に関わる分子が機能的・構造的に哺乳類とほぼ同じレベルで分化を遂げている（表1-1）．2番目の特徴は，魚類のレベルでは骨髄やリンパ節は存在せずリンパ器官においても胚中心が存在しない等組織学的に未分化な場合が多い．3番目の特徴は，免疫関連分子についても一般に哺乳類に比べて分化が進んでいないことである．たとえば，硬骨魚類の主な免疫グロブリンはIgMであり，ごく最近IgD, IgZ/T等の新規の遺伝子が報告されているが，哺乳類のIgG, IgA, IgE等に相当するIgは認められていない．しかも，コイ科やサケ科魚類では免疫関連分子にいくつかのアイソタイプが存在している．このように，哺乳類の系譜に繋がる分子について見れば魚類は限られた分子しか有していないように見えるが，哺乳類にはない分子を持っており，しかも，限られた分子の中でも複数のアイソタイプを生み出すことにより機能的多様化を図っているものと思われる．4番目の特徴は，魚類は変温動物であり免疫応答が生息水温に著しく影響されることである．

表1-1 魚類と高等脊椎動物における免疫システムの比較

	免疫グロブリン（Ig）	MHC	TCR	胸腺 脾臓	骨髄 リンパ節	遺伝子 再構成	クラス スイッチ	胚中心
円口類								
メクラウナギ								
ヤツメウナギ	（VLR）							
軟骨魚類								
Nurse shark	IgM, 胎児型IgM (IgW, IgNAR)			+		+		
Horned shark	+		+	+		+		
ドチザメ	+	+		+		+		
硬骨魚類								
ゼブラフィッシュ	IgM, IgD, (IgZ/T)	+	+	+		+		
ニジマス	IgM, IgD, (IgZ/T)	+	+	+		+		
トラフグ	IgM, IgD, (IgZ/T)	+	+	+		+		
両生類	IgM, (IgY), (IgX)	+	+	+	+	+	+	
鳥類	IgM, (IgY), IgA	+	+	+	+	+	+	+
哺乳類	IgM, IgD, IgG, IgE, IgA	+	+	+	+	+	+	+

（ ）内は，哺乳類にないIgサブクラス

1-3 リンパ器官と免疫関連細胞

前述のように，魚類は骨髄やリンパ節を欠き，リンパ器官においても組織学的に未分化な場合が多い．特に，円口類のレベルでは独立したリンパ器官は存在せず，中枢および末梢リンパ器官の分化も認められない（表1-2）．軟骨魚類では，よく発達した胸腺や脾臓が存在し，ほかに食道壁にあるライディヒ器官や生殖線の近くに存在するエピゴナル器官および消化管粘膜下の腸関連リンパ組織（GALT）に造血機能が認められている．

硬骨魚類の胸腺は哺乳類と同様に免疫系の中枢器官としての役割を果たしていることは稚魚期における胸腺摘除実験等から示唆されている．又，多くの硬骨魚類では脾臓や腎臓，特に頭腎が主要な抗体産生器官となっている（図1-2）．軟骨魚類においては胸腺における皮質と髄質，脾臓における白髄と赤髄の分化が認められるが，硬骨魚類においては，むしろ組織学的に未分化な場合が多い．更に，硬骨魚類は軟骨魚類に比べると腸管粘膜内の腸関連リンパ組織の発達が悪い傾向にある．なお，魚類の腸管にはパイエル板のような発達したリンパ組織やM細胞のような抗原の取り込みに特化した細胞は確認されていない．

表 1-2　魚類における造血・リンパ器官と免疫関連細胞

	円口類		軟骨魚類		硬骨魚類	
	メクラウナギ	ヤツメウナギ	ギンザメ	サメ・エイ	チョウザメ	真骨類
胸腺	○	○	●	●	●	●
脾臓	○	○	●	●	●	●
骨髄	○	○	○		○	○
	原始脾臓(腸粘膜)	腸内縦隆起(原始脾臓)		ライディヒ器官	腎臓	頭腎
	中心塊(前腎)	脂肪柱(原始骨髄)		エピゴナル器官	心臓	体腎
		後方腎	頭蓋内リンパ組織		頭蓋内リンパ組織	
リンパ節	○	○	○	○	○	○
腸管付属リンパ組織	○	○	●	●	●	●
リンパ球	○	●	●	●	●	●
形質細胞	○	●	●	●	●	●
マクロファージ	●	●	●	●	●	●
顆粒球	●	●	●	●	●	●

● 存在する　○ 存在しない

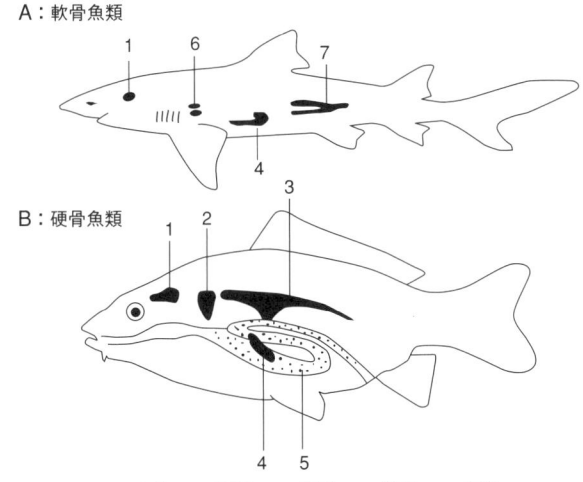

1：胸腺，2：頭腎，3：体腎，4：脾臓，5：腸管，
6：ライディッヒ器管，7：エピゴナル器官

図1-2　魚類における主なリンパ器官

　魚類の血液中には，赤血球，リンパ球，栓球（哺乳類の血小板に相当），好中球，好酸球，および単球が存在する．このうち，赤血球と栓球は哺乳類と異なり核を有する．好塩基球は血中に出現することはまれで通常皮膚等で見出される．白血球数および組成は魚種により大きく異なり，好中球が優占する魚種が多いが好酸球が優占する魚種（マダイ等）もある．

§2. 非特異的防御機構

2-1　体表における防御

　環境水と直接接し，角化した表皮を持たない魚類においては，鱗および体表全体を覆う粘液は，異物の侵入を物理的に防ぐバリアーとして重要な役割を果たしている．又，体表粘液中には後述するように多くの非特異的生体防御因子が存在する．特異的な生体防御因子である抗体（IgM）も存在することが多くの魚種で報告されている．皮膚粘液中のIgMは，血中の抗体とは別に局所で合成されると考えられている．

2-2 細胞性因子

初期感染防御においては，単球／マクロファージおよび好中球等の食細胞が重要な役割を果たしている．組織内へ異物が侵入した際最初に好中球が侵入局所に遊走し，続いてマクロファージが集まることが魚類においても観察されている．硬骨魚類の主な造血器官は腎臓と考えられており，腹腔内へ大腸菌等の死菌を注入すると腎臓から好中球が動員され血液を介して炎症部位へ遊走する．マクロファージは，頭腎，体腎，脾臓，胸腺，心臓，間充織，鰓，腹腔等体中の至る所に分布しており，好中球が処理しきれなかった異物や好中球の残骸を貪食・処理する．ペプチドにまで分解された抗原情報はTリンパ球に伝えられ（後述の抗原提示の項参照），特異的免疫応答を誘導する．なお，魚類においては赤血球とTリンパ球を除く全ての白血球（Bリンパ球も含む）が貪食活性を示すことが報告されている．好中球による殺菌には，活性酸素（スーパーオキシド，過酸化水素，ヒドロキシラジカル，一重項酸素，次亜塩素酸等）を殺菌因子とする酸素依存性殺菌とディフェンシン，リゾチーム，ラクトフェリン，カテプシン，塩基性ペプチド，各種加水分解酵素等による酸素非依存性殺菌がある．好中球の食胞内における殺菌・消化の機序は哺乳類と同様と考えられているが，魚類の好中球の活性酸素産生能は魚種によって大きく異なる．好塩基球や好酸球については，魚種により染色性が異なることや脱顆粒を起こしやすく同定が困難なことから，好中球に比べ研究が遅れている．但し，コイの好塩基球がアクリジンオレンジに特異的に染色されることを利用して，その動態を解析し，病原性細菌や寄生虫の感染により好塩基球が有意に血液中に増加することが報告されている．又，マダイでは末梢白血球に占める好酸球の割合が極めて高く，フグの仲間では好塩基球の割合が高い．しかも，これらの顆粒球は炎症初期に好中球と同様な挙動を示すことが知られている．

又，哺乳類のNK細胞と同様に感作されることなしに培養腫瘍細胞に対して細胞傷害性を示す細胞の存在が，コイやアメリカナマズにおいても報告されており，NCC（Nonspecific cytotoxic cells）と呼ばれる．

2-3 液性因子

魚類の血清や粘液中に，補体，リゾチーム，レクチン，プロテアーゼ，CRP（C-reactive protein：肺炎双球菌の莢膜に存在するC多糖に結合する急性期反応性タンパク），インターフェロン，トランスフェリン，抗菌ペプチドおよび自然溶血素等が存在する．最初の防衛線である粘液中にこれらの活性物質が含まれていることは，生体防御上重要な意義があると思われる．

1）補　体

硬骨魚類の補体系には哺乳類と同様な成分からなる古典経路，第二経路，レクチン経路および細胞溶解経路が存在する．魚類の補体に関してはコイやニジマスにおいて最も詳しく研究されており，C1〜C9の9成分，B因子やD因子，補体レセプター，アナフィラトキシン，補体制御因子等哺乳類と同様なものが存在しており，少なくとも硬骨魚類の補体系は構造的・機能的に高等脊椎動物と同等のレベルにまで分化・発達していると考えられる（図1-3）．魚類の補体系は哺乳類とよく似ているが，機能的には異なった特性も認められる．一般に魚類，特に硬骨魚類の補体は，哺乳類の補体よりも熱に不安定で，温水魚では45〜50℃，冷水魚では40〜45℃で失活する．又，長期間の保存には，4℃の冷蔵あるいは−20℃の冷凍保存では失活する場合があり，−80℃以下の冷凍保存が望ましい．一方，両生類や爬虫類の補体と同様に低温（0〜4℃）においても溶血活性を示す．又，硬骨魚類の補体は，哺乳類や他の魚種の抗体や補体とは適合せず，コイやニジマスの抗体を結合させたヒツジ赤血球に他魚種の補体を加えても溶血せず，同種又は近縁種の血清を加えた時のみ溶血が起きる．

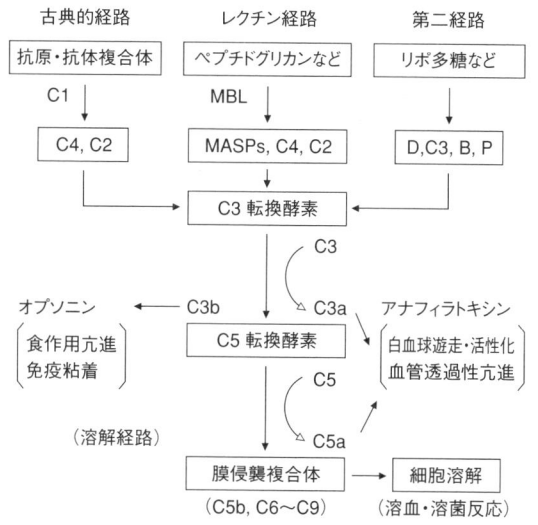

図1-3　補体の活性化経路と生物活性

　魚類の補体系のもう1つの特徴は、古典経路の活性を示すCH50値は哺乳類とあまり変わらないが、第二経路の活性を示すACH50値は著しく高い値を示す（5〜60倍）ことや、古典経路は単独では標的細胞を溶解することが出来ず、第二経路活性化の引き金の役割を果たすに過ぎないことである。こうしたことから魚類においては抗体に依存しない第二経路が重要な役割を果たしていると思われる。

　魚類においては多くの補体成分において複数のアイソタイプが存在する。たとえば、コイのC3においては、構造や機能（結合特異性、溶血活性、血中濃度）の異なる5種類のアイソタイプが存在する。

2）リゾチーム

　リゾチームは細菌の細胞壁グリカンのβ-1,4結合を加水分解する酵素で、魚類の血清、粘液、消化管、肝臓、腎臓、脾臓等の組織や貪食細胞中に存在する。リゾチームにはC-type、g-type、ファージタイプ、細菌タイプ、植物タイプの5種類が存在し、そのうちC-typeおよびg-typeが脊椎動物に存在する。魚類においても、C-type、g-typeいずれも存在することがヒラメ、コイ、ゼブラフィッシュ等において知られている。しかし、魚類のリゾチーム、特にg-typeは哺乳類や鳥類のそれとは遺伝子の構造や組織における発現が異なる。

3）CRP

　CRPは炎症時にオプソニンとして食細胞を活性化し感染微生物の認識と排除に重要な役割を果たしている。CRPの存在はコイ、ニジマス、アメリカナマズ等多くの魚種で知られ、ヨーロッパに分布するカレイの一種においては感染初期のみならず通常の血清中にも存在しており、常時存在して微生物の侵入に備えていると考えられている。

4）レクチン

　レクチンは、不活化・凝集による異物の排除、食細胞の活性化、異物と食細胞の両者に結合することにより食細胞による貪食作用、包囲化作用、傷害作用を促進する。無脊椎動物における生体防御因子の代表的なものであるが、魚類の体表粘液中にも存在する。ニジマスのリンパ器官や白血球にはタンデムリピート型のガレクチンが存在し、LPSの接種やIHNウイルスの感染により発現が増強することから、炎症やウイルス感染に深く関わっていることが示唆されている。

5）Toll様受容体（Toll-like receptor, TLR）

マクロファージ，樹状細胞等いわゆる抗原提示細胞にはToll様受容体（TLR）と呼ばれる一群の膜タンパクが存在し，種々の病原体特有の分子構造の認識に関与する．現在，ヒトのToll様受容体ファミリーメンバーは10種類（TLR1～10）同定されている．魚類においても，哺乳類と同様なTLRが存在し，かつ魚類あるいは非哺乳類特有のTLRが存在することが知られている．

§3．特異的防御機構
3-1　特異的防御に関わる細胞および分子
1）リンパ球

リンパ球にはTリンパ球（T細胞とも呼ばれる），Bリンパ球（B細胞とも呼ばれる）があり，魚類においても特異的な免疫応答に関与する．Tリンパ球には更にCD4陽性のヘルパーT細胞やCD8陽性の細胞傷害性T細胞（Cytotoxic T lymphocyte, CTL）が存在する．Bリンパ球は，魚類においても哺乳類のように細胞の表面に表面免疫グロブリン（sIg）を有する．Tリンパ球は，その表面に抗原を認識するT細胞レセプター（TCR）を有することにより特徴づけられる．TCRにはα鎖，β鎖，γ鎖，δ鎖が存在し，哺乳類のTリンパ球はα鎖とβ鎖を発現するαβT細胞と，γ鎖とδ鎖を発現するγδT細胞に分けられる．

硬骨魚骨魚および軟骨魚類からもα鎖，β鎖，γ鎖，δ鎖TCR遺伝子が単離されているが，TCRの遺伝子座の数や位置が哺乳類や鳥類のものとは異なり，しかも魚種により多様な遺伝子構成をしていることが報告されている．しかし，魚類のαβT細胞やγδT細胞を認識する抗体が得られておらず，分布や機能については不明である．又，ヘルパーT細胞のマーカーであるCD4や細胞傷害性T細胞のマーカーであるCD8遺伝子がいくつかの魚種から単離され，一部の魚種でCD4やCD8陽性細胞に対する抗体も作製されている．

2）抗体（Immunoglobulin, Ig）

軟骨および硬骨魚類の主要なIgは，哺乳類においては個体発生および免疫応答の初期に出現するIgMである．硬骨魚類においてIgDの存在も報告されている．一方，軟骨魚類においては，IgMの他にNAR（L鎖を伴わない2量体）やIgWと呼ばれる免疫グロブリンが存在することが報告されている（表1-1）．又，硬骨魚類のIgMは4量体であるが，軟骨魚類においては単量体から5量体まで存在する．ごく最近，いくつかの硬骨魚類においてIgZあるいはIgTと呼ばれる新規な単量体の免疫グロブリンが見いだされた．IgMが出現する前の個体発生の初期より出現し，成魚においては頭腎や体腎および胸腺にのみ発現することが判っているが，詳しい機能は未だ不明である．

硬骨魚類のIgMのH鎖の多様性は，哺乳類と同様に遺伝子再構成により生じることが報告されている．しかし，軟骨魚類においては哺乳類と異なった様式で抗体の多様性を生み出している．更に，興味深いことに，硬骨魚類のIgは，H鎖が哺乳類型，L鎖がサメ型の多様性発現機構を有している．

3）主要組織適合性複合体（MHC）

MHCには，構造的にも機能的にも異なる2つのクラスが存在する．MHCクラスI分子は，ほとんどすべての有核細胞に発現し，自己タンパク質，ウイルスタンパク質等に由来する主として細胞内で合成されたペプチドを結合し，CD8陽性の細胞傷害性T細胞に提示する．一方，クラスII分子はマクロファージやB細胞等一部の免疫細胞に限って発現し，外来のタンパク質抗原由来のペプチドを結合して，CD4陽性のヘルパーT細胞に提示する．

硬骨魚および軟骨魚から，クラスIα鎖，クラスIIα鎖，β鎖およびβ2ミクログロブリン（β2

第1章　魚類の免疫機構

表1-3　魚類におけるサイトカイン遺伝子の存在

	IL-1β	IL-1R	IL-2	IL-2R	IL-4/13	IL-6	IL-6R	IL-7	IL-8	IL-8R	IL-10	IL-11	IL-12 P35	IL-12 P40	IL-13R	IL-15
ヤツメウナギ																
ドチザメ	●															
ニジマス	●2	●II							●		●	●	●		●	●
タイセイヨウサケ		●I		●γc					●							
コイ	●3	●			●	●		●	●		●	●	●	●		
ゼブラフィッシュ	●									●	●	●	○			●
トラフグ	○			○			○		○	○	●	○	○	○		
ヒラメ	●	●II					●		●	●	●		○			●
アメリカナマズ																

	IL-15R	IL-16	IL-17 & IL-17R	IL-18	IL-20	IL-21	IL-22/26	IL-24	TNFα	TNFR	IFNα&β	IFNγ	TGFβ	CC-Chemokines
ドチザメ	●													
ニジマス		○				●			●2	●		●I	●	●18種類有り
タイセイヨウサケ					○							●I		
コイ				●	●	●	●		●2	●	●	●I, II	●	
ゼブラフィッシュ			●		●		○	○	○	○	●	●I	○	○
トラフグ											●		○	
ヒラメ									●		●			
アメリカナマズ									●			●I, II		○

●は論文として報告がなされている．○はゲノムデータベースに存在が確認されている．数字はアイソタイプの数

m）をコードする遺伝子が単離されている．これら魚類のMHC遺伝子の構造は高等脊椎動物のそれと基本的に同じで，抗原ペプチドと相互作用する部位，β2mや糖鎖との結合部位等のアミノ酸がよく保存されている．軟骨魚類においては，両生類以上の高等脊椎動物と同様にクラスⅠ，クラスⅡおよび補体成分のC4やBfが連鎖しているが，硬骨魚類の場合クラスⅠ，クラスⅡおよびクラスⅢ領域における連鎖がみられず，複合体を形成していない場合がほとんどである．

4）サイトカイン

サイトカインとよばれる免疫細胞間の相互作用や免疫応答の制御に中心的な役割を演じている一連の液性因子群が魚類のレベルでも存在する．トラフグ，ミドリフグおよびゼブラフィッシュにおけるゲノム解析の急速な進展に支えられて，ゲノムデータを利用して多くの魚種からサイトカインやケモカイン遺伝子が単離されるようになった（表1-3）．哺乳類で報告されているサイトカインの多くが魚類のレベルでも存在することが判っている．魚類のサイトカインは哺乳類とほぼ同じ程度に分化を遂げているが，依然として未分化の状態で止まっているものもある．たとえばIL-1については，現在のところ魚類ではIL-1αやIL-1レセプターアンタゴニストはなく，IL-1βに相当するものしか見つかっていない．TNFについても同様に，LTα（TNFβ）やLTβはなくTNFαしか見いだされていない．しかし，コイ科やサケ科魚類のIL-1βやTNFαには2ないし3つのアイソタイプが存在し，アイソタイプのレベルでの機能的多様化が進んでいると考えられる．

3-2 細胞性免疫

同種移植片拒絶反応，移植片対宿主反応，アロ抗原やウイルス感染細胞に対する細胞傷害活性は，細胞性免疫の代表的な反応であり厳格な遺伝的支配を受けている．

1）同種移植片拒絶反応

円口類や軟骨魚類においては同種移植片の拒絶に1カ月間以上を要し，いわゆる慢性的拒絶を示す（表1-4）．一方，硬骨魚類，中でも最も分化の進んだグループと考えられている真骨類におい

表1-4　魚類における同種移植片生着期間の比較

魚　種	平均生着日数		水温（℃）
	初回移植	再移植	
円口類			
メクラウナギ	72	28	18.5
（*Eptatretus stoutii*）			
ヤツメウナギ	38	18	18〜21
（*Petromyzon marinus*）			
軟骨魚類			
アカエイ	31<	12>	18〜28
（*Dasyatis americana*）			
ネコザメ	41	17	22
（*Heterodontus francisci*）			
硬骨魚類			
（原始的な硬骨魚）			
ヘラチョウザメ	42〜68	12	18〜26（初回）
（*Polyodon spathula*）			6〜13（再移植）
アロワナ	18	5.1	25
（*Osteoglossum bicirrhosum*）			
（真骨類）			
キンギョ	7.2	4.7	25
（*Carassius auratus*）			
米国産メダカの一種	3.4	2.0	28
（*Fundulus heteroclitus*）			

ては2週間以内の急性の拒絶を示す．いずれのグループにおいても免疫記憶が形成され，同じ供与者からの皮膚や鱗を再移植（二次移植）した場合には一次移植よりも速やかに拒絶される．移植片拒絶のメカニズムについても哺乳類とほぼ同様と推定され，Tリンパ球が主要な役割を演じていると思われる．後述するように，同種移植片拒絶反応は水温に著しく影響される．

2）移植片対宿主反応（Graft-versus host reaction, GVHR）

GVHRは，上述の同種移植片拒絶反応とは全く逆の反応で，骨髄移植等において移植片が生着した後，移植片中のT細胞が宿主を非自己として攻撃する現象で，アロ抗原反応性細胞傷害性T細胞が主要な役割を果たしている．魚類においては，ギンブナやアマゴにおいてGVHRが報告されている．ツベルクリン反応に代表される遅延型過敏症反応（DTH反応）は，円口類のヤツメウナギや原始的な硬骨魚であるアミアおよび硬骨魚のニジマスにおいてその存在が報告されている．

3）アロ抗原あるいはウイルス抗原特異的細胞傷害反応

これらの反応が魚類のレベルにおいても存在することは，クローンギンブナとこれに由来する細胞株あるいはウイルス感染同系細胞株やアメリカナマズの長期培養細胞株を用いた研究において示されている．この反応を担う細胞が哺乳類と同様にCD8陽性の細胞傷害性T細胞（CTL）であることが最近明らかとなっている．又，これらの研究よりウイルスに対する感染防御において抗体よりもCTLが重要な役割を演じていることが明らかにされている．

3-3 液性免疫

現在のところ，哺乳類の免疫グロブリンに相当する抗体を産生できるのは軟骨魚類以上の脊椎動物であると考えられている．魚種や飼育水温によって異なるが，抗体産生細胞は抗原接種2〜5日後に出現し，抗体はやや遅れ5〜7日後に血液中に出現する（図1-4）．カサゴやギンブナに羊赤血球（SRBC）を抗原として腹腔内に注射した場合，抗体産生細胞は，頭腎や脾臓において抗原接種後3日目に出現し，その数は7日目にピークに達する．一方，血液中の抗体はそれよりやや遅れて出現し，2週目にピークに達する．数カ月後に同じ抗原を接種すると，ピークに達するまでの期間が短縮されると共に，ピーク時の抗体価も一段と高くなり，典型的な二次反応（既往反応）が認められる（図1-5）．このように，魚類の抗体産生応答は哺乳類とほぼ同様と考えられる．但し，魚類の血液中の免疫グロブリンはIgMのみであり，IgGへの切り替え（クラススイッチ）が認められない点が哺乳類と異なる．

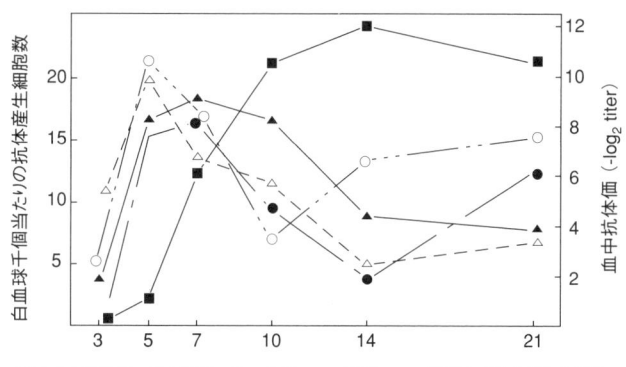

図1-4 ギンブナにおけるウマ赤血球に対する抗体および抗体産生細胞の応答

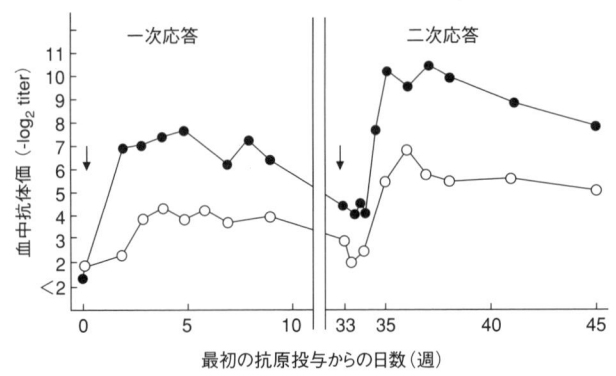

図1-5 カサゴにおけるヒツジ赤血球に対する抗体産生応答
○および●は抗原をそれぞれ1回又は3回投与した場合を示す．

§4. 魚類における免疫応答能の発達

4-1 リンパ器官の発達

　主要なリンパ器官の形成についてみると，高等脊椎動物と同様に，胸腺が最初に出現し，次いで腎臓，そして最後に脾臓が出現する．たとえば，ニジマスでは14℃で飼育したとき胸腺の原基は孵化5日前に既に存在しており，脾臓が出現するのは孵化後3日目である．成熟リンパ球の出現時期は免疫機能の発達の目安として重要であり，ニジマスでは胸腺，頭腎，脾臓においてそれぞれ，孵化後3，4，6日目に出現する（表1-5）．このように，リンパ器官の形成やリンパ球の出現は個体発生の比較的早い時期に認められるが，後述するように細胞性免疫機能や液性免疫機能はかなり遅れて発達する．リンパ器官が形態的・組織学的に成熟し，小リンパ球数が十分な量に達した時点で機能を果たすようになると思われる．高等脊椎動物においては，胸腺はリンパ球の成熟にとって必須の器官であり，未だ成熟リンパ球が末梢に分布していない新生児の時期に胸腺を摘除すると，Tリンパ球が主要な役割を果たす細胞性免疫機能や胸腺に依存した抗体産生が完全に抑制されることが知られている．魚類においても，胸腺摘除により胸腺依存性の抗体産生が低下したり腎臓や脾臓の小リンパ球が激減することから，胸腺は高等脊椎動物と同様な役割を果たしていると推察されるが，仔魚期に摘除することは技術的に難しく決定的な証明はなされていない．ヒト胸腺の容積は思春期に最大に達し，その後加齢と共に退縮することが知られている．魚類の胸腺の体重に対する割合は孵化後1～2カ月頃に最大に達し，その後徐々に減少する．加齢による胸腺の退縮傾向は認められるが，寿命の長い魚種では成体になっても認められ，季節により容積が変化する場合がある．但し，アユ等の年魚では，成熟期になるとその存在すら見いだすことが難しくなるほど退縮する．

4-2 細胞性免疫機能の発達

　細胞性免疫の代表的な反応である移植片拒絶能力は個体発生のかなり早い時期から備わっており，ニジマスにおいては，孵化後5日齢では拒絶反応は起こらず移植片へのリンパ球の浸潤も認められないが，孵化後約2週齢（14℃飼育）より同種の皮膚移植片を拒絶することができる（表1-5）．但し，拒絶に要する期間は長い（移植後30日で拒絶を完了）．孵化後26日齢になると成魚と同じ早さ（14～20日）で拒絶するようになる．移植片拒絶能力は前述のリンパ器官の発達と良く一致しており，胸腺におけるリンパ球の数に依存している．

4-3 液性免疫機構の発達

　抗体産生能は移植片拒絶能よりも遅れて成熟する．孵化後2週齢のニジマスは，胸腺依存性抗原

表1-5 魚類における特異的（または獲得）免疫機能の発達

魚　種	リンパ球の出現時期	Ig陽性細胞の出現	移植片の拒絶	抗体産生		
コイ (22℃)	孵化3日後（胸腺） 孵化6日後（腎臓） 孵化8日後（脾臓）	孵化1カ月後（脾臓）	孵化16日後（亜急性）	孵化4週後	A. salmonicida HGG SRBC	＋（免疫記憶） －（トレランス） －（トレランス）
				孵化2カ月後	A. salmonicida HGG	＋ ＋
ニジマス (14℃)	孵化3日後（胸腺） 孵化4〜5日後（腎臓） 孵化6〜14日後（脾臓）	孵化4日後（腎臓） 孵化1カ月後（脾臓）	孵化5日後（生着） 孵化14日後（慢性） 孵化21日後（亜急性）	孵化3週後	A. salmonicida	＋（記憶なし）
					HGG	－（トレランス）
				孵化2カ月後	A. salmonicida HGG	＋（免疫記憶） ＋（免疫記憶）
ゼブラフィッシュ (28℃)	受精後3日目（胸腺） 受精後1〜2週目（腎臓） 受精後1カ月以上（脾臓）	受精後2週間目（腎臓）		受精後4週 受精後6週目	A. hydrophila HGG	＋ ＋
カサゴ (23℃)	孵化3週後（胸腺） 孵化4週後（腎臓） 孵化6週後（脾臓）		孵化1.5カ月後（急性）	孵化1カ月後 孵化1.5カ月後 孵化2カ月後	SRBC SRBC SRBC	－（記憶なし） － ＋

Aeromonas salmonicida：せっそう病原因菌，*Aeromonas hydrophila*：淡水魚の病原菌，HGG：ヒトガンマグロブリン，SRBC：羊赤血球

であるヒトガンマグロブリン（HGG）や胸腺非依存性抗原であるせっそう病原因菌（*Aeromonas salmonicida*）のいずれにも応答できない．しかし，3週齢になるとHGGには応答できないが，せっそう病菌に対して抗体産生を行うことができる．但し，この時期には未だ免疫記憶を形成する能力はない．2カ月齢になると，胸腺依存性，非依存性両抗原に対して免疫記憶を伴った抗体産生が可能となる．同様なことは，コイにおいても知られており，胸腺依存性抗原に対する抗体産生能は非依存性抗原に比べその成熟時期が遅れる．但し，2カ月齢の抗体価は成魚に比べて劣り，成魚に匹敵する抗体価を示すのはカサゴにおいては5〜6カ月齢以降である．又，一般に，若い個体ほど免疫持続期間が短く，ニジマスにおいては，体重1g：120日，2g：180日，4g：1年以上と言われる．なお，抗体産生能は，年齢ではなく体重によって決まる．

　仔稚魚期にワクチンを投与する際注意しなければならないことは，免疫学的寛容（トレランス）の誘導である．これは免疫システムが未だ完成していない時期に抗原を投与すると，反応できないばかりでなく自己，非自己の区別ができなくなり，免疫応答能が成熟した後でもその抗原に対して反応できなくなる現象である．胸腺依存性抗原を注射投与した場合にしばしば認められ，浸漬投与による場合には起こらない．

§5. 免疫応答の調節

5-1 水温の影響

魚類は変温動物であり免疫応答も水温に著しく影響される．臓器移植等で問題となる移植片拒絶反応は，Tリンパ球が主役を演じる細胞性免疫の代表的な反応であるが，魚の移植片拒絶反応も水温の影響を受ける．たとえば，海産魚のカサゴでは水温23℃で組織片移植6日後に拒絶が完了するが，10℃では拒絶完了までに2カ月を要する（表1-6）．抗体が中心的な役割を果たす液性免疫応答も移植片拒絶反応と同様著しく水温に影響され，コイ，カサゴおよびナマズ等の温水魚では10～12℃で抗体産生が完全に抑制される（図1-6）．抗原の処理やBリンパ球の機能は低水温でも抑制されないが，ヘルパーTリンパ球の機能が低温により低下することが示唆されている．抑制のメカニズムについては，Tリンパ球の細胞膜の流動性の変化やTリンパ球由来の成長因子の合成が低水温により抑制されることが報告されている．

以上のことから，ワクチンを投与する際は，水温が重要である．このように，特異的な免疫応答（獲得免疫）は水温により著しく影響されるが，非特異的な免疫応答も同様に影響される．たとえば，ヒラメにおいては20℃で飼育した群の生体防御活性は25℃で飼育した群に比べて有意に低いことが報告されている．又，後述するように，急激な水温の変化や高水温は，魚にストレスを与え免疫機能を低下させるので注意が必要である．

表1-6 カサゴの同種移植鱗の拒絶に及ぼす水温の影響

	水温（℃）	拒絶日数（日）
一次移植	10	60.2 ± 17.1[*1]
	15	15.2 ± 2.2
	20	7.6 ± 0.5
	23	6.0 ± 0.0
	30	4.8 ± 0.4
二次移植	10	33.2 ± 5.2
	15	9.6 ± 1.5

[*1] レシーピエント個体にドナー個体より，5枚ずつ鱗を移植，数字は5尾の平均

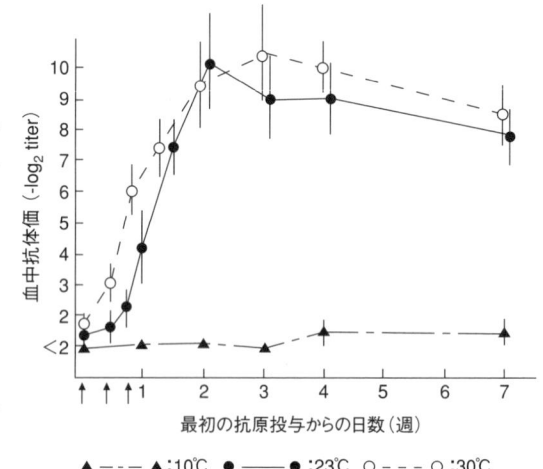

図1-6 カサゴのヒツジ赤血球に対する抗体産生に及ぼす水温の影響．矢印は抗原の投与を示す．

5-2 季節変化・性成熟

抗体産生に季節変化が認められることが，ヒラメ，カサゴおよびニジマスにおいて報告されている．周年を通じ飼育水温を一定に保っても，抗体価は，カサゴでは夏に高くて冬に低く，ニジマスでは冬に低く春に高いという季節変化を示す（図1-7）．光周期の関与が示唆されているが，カサゴにおいては成熟雌魚，特に産仔後において抗体産生の著しい抑制が認められることから，性成熟に伴うホルモンの影響も考えられる．又，季節変化だけでなく日周変化も存在することが鱗移植片拒絶反応において報告されており，夜間に移植された移植片の方が，昼間に移植されたものよりも早く拒絶される．

シロザケやサクラマス等は産卵期が近づくと体表にカビ（水生菌）が付着しやすくなり，雌雄とも産卵後，間もなく死亡することが良く知られている．性成熟に伴って各種のステロイドホルモンの分泌が盛んになるが，これらのホルモンが免疫機能を低下させることが知られている．従っ

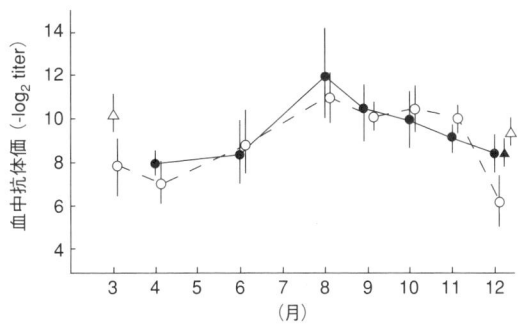

図1-7 カサゴのヒツジ赤血球に対する抗体産生応答における季節変化

●：雄成魚，○：雌成魚，▲：未成熟雄魚，△：未成熟雌魚

て，シロザケやサクラマス等における産卵後の死亡が免疫機能の低下と関連していると考えられる．このように，性成熟に伴って免疫機能が低下することから，ワクチンの投与の際には，この点についても考慮すべきである．

5-3 免疫応答の抑制

1）ストレス

ストレスの原因は，社会的なものや物理的なもの等いろいろなものがある．中でも高密度飼育やハンドリングによるものが最大のストレスの要因である．ストレスを与えると病気に罹りやすくなることは，魚を飼っていれば必ず経験することであり養殖魚家の常識である．特に，魚類の病気を引き起こす病原生物には条件性のものが多く，いわゆる日和見感染を引き起こす．そのため，健康な時には感染や発病が起こらなくても，いったんストレス状態になると発病するケースが多い．これまでにも，ストレスによる免疫機能の低下が病気発生の誘因となることがいくつか報告されている．たとえば，魚に急性のストレスを与えると抗体産生細胞の数が減少し，ビブリオ病に対する感受性が高まることがマスノスケにおいて知られている．アメリカナマズにおいても，ストレスによりリンパ球が減少したり，マイトジェン刺激に対して細胞が反応できなくなることが報告されている．又，高密度飼育するとIPNウイルスに対する免疫応答が低下することが報告されている．更に，テラピアにおいては，群れのなかで順位の高い大型の個体に攻撃されている小型個体の血漿中コーチゾルやグルコース値が上昇する一方，鰓中の好中球数，好中球1個当たりの貪食活性および活性酸素産生能が低下することが知られている．これら以外にも，高密度飼育，順位・なわばり，空気中における露出や輸送によるハンドリング等のストレスが，特異的ならびに非特異的免疫機能を抑制することが多くの魚種で報告されている（表1-7）．神経系，内分泌系および免疫系が，神経伝達物質，ホルモンおよびサイトカインを介して相互に密接に作用することが哺乳類で明らかにされており，魚類においても同様な機序が働いていると思われる．

表1-7 魚類の免疫機能におよぼす諸要因

	要　因
外部環境	水温，水質，汚染物質等
内部環境	性成熟，変態，加齢，遺伝等
飼育条件と関連した	ストレス（飼育密度，順位・なわばり，ハンドリング），薬剤，餌等

2）薬剤の影響

　魚類の免疫応答は，汚染物質，農薬，重金属，抗菌剤等種々の物質によっても抑制される（表1-8）．特に，水中で生活する魚類は食物連鎖を通して摂取するだけでなく常にこれらの物質に直接曝されており，低濃度の重金属や汚染物質によっても免疫応答が抑制される．こうしたことから，最近，鋭敏な魚類の免疫応答能を測定して，環境汚染の指標に利用しようとする動きもある．特に注意しなければならないのは，薬剤の多用である．薬剤の多用は耐性菌の出現を引き起こすだけでなく，宿主の生体防御能を抑制しワクチンの効果を弱める危険性がある．これまでに，オキシテトラサイクリン，オキソリン酸，フロルフェニコール等の抗菌剤については，血中抗体価の低下，抗体産生細胞数の減少，リンパ球・顆粒球数の減少およびワクチン効果の低下等が報告されている．

表1-8　魚類に対する免疫抑制作用物質

	免疫抑制作用物質
汚染物質	PCB，PAH，TBT，フェノール，ベンジジン，ダイオキシン
農薬	エンドリン，マラチオン，トリクロルホン，DDT，リンデン，メチルブロマイド，アトラジン
重金属	水銀，亜鉛，銅，鉛，カドミウム，ニッケル，クロミウム，アルミニウム，砒素
抗菌剤	オキシテトラサイクリン，オキソリン酸，フロルフェニコール
毒素	アフラトキシン

3）水質の影響

水中の溶存酸素量や窒素酸化物等も魚の生体防御能に影響を与えることが知られている．ブリでは溶存酸素量が低下すると α 溶血性連鎖球菌症（ラクトコッカス症，*Lactococcus garvieae* 感染症）に感染しやすくなることが報告されている．水質そのものが直接魚の生理に作用するというよりも水質の悪化が魚にストレスを与え，易感染性を誘導すると思われる．このように，飼育技術・環境の改善による水質の維持は病気の予防だけでなくワクチンの効果を十分発揮させる上でも重要である．

5-4　免疫応答の増強

　生体の免疫機能低下状態を回復させる，あるいは免疫機能を亢進させる物質があり，免疫賦活剤あるいは免疫増強剤と呼ばれている．レバミゾールは哺乳類で最も詳しく調べられているものの一つであり，魚類においても貪食活性の向上等免疫増強効果が認められている．グルカン類は，いくつかの細菌病に対する防御能を亢進することが報告されている．防御のメカニズムについては，主に貪食能や補体活性等の非特異的防御能を高めることが知られている．又，注射免疫の際，抗原と共に用いられる研究用の試薬FCA（フロイント・コンプリート・アジュバント）は，単独で投与した場合でも非特異的な免疫増強効果を示す．重要な栄養素の一つであるビタミンCやEも貪食能や防御能を高める．

　細菌病の防御において非特異的生体防御能が重要な役割を果たしていることが知られている．魚類の病気は条件性病原体によるものが多いため，ストレス等により低下した生体防御能を正常値まで戻す意味からも，免疫賦活剤の活用が期待される．しかし，免疫賦活剤には，ワクチンのような高い防御効果は期待できず，過剰投与や長期に亘る連続投与はむしろ生体防御機能を低下させる恐れがある．従って，その効用と限界を十分考慮した上で使用する必要がある．

（中西照幸）

参考文献

森　勝義・神谷久男編（1995）：水産動物の生体防御，恒星社厚生閣，129pp.
中西照幸（2001）：ワクチン開発の現状と普及への課題，養殖，**38**，60-63.
中西照幸（2007）：魚類の生体防御の分子機構，生体防御医学辞典（鈴木和男監），朝倉書店，p.252-258.
中西照幸（2008）：魚類の生体防御，改訂・魚病学概論（小川和夫・室賀清邦編），恒星社厚生閣，p.9-26.
乙竹　充（2006）：免疫，水産大百科事典（水産総合研究センター編），朝倉書店，p.126-129.
瀬谷　司（2007）：自然免疫に登場した新たなToll様受容体，生体防御医学辞典（鈴木和男監），朝倉書店，p.139-144.
渡辺　翼編（2003）：魚類の免疫系，恒星社厚生閣，163pp.

Boshra, H., J. Li, J. O. Sunyer（2006）：Recent advances on the complement system of teleost fish. *Fish Shellfish Immunol.*, **20**, 239-262.

Fischer, U., K. Utke, T. Somamoto, B. Kollner, M. Ototake, T. Nakanishi（2006）：Cytotoxic activities of fish leucocytes. *Fish Shellfish Immunol.*, **20**, 209-226.

Flajnik, M.（2003）：Comparative analyses of immunoglobulin genes: surprises and portents. *Nature Reviews*, **2**, 688-698.

Kaiser, P., L. Rothwell, S. Avery, S. Balu（2004）：Evolution of the interleukins. *Dev. Comp. Immunol.*, **28**, 375-394.

Yada, T., T. Nakanishi（2002）：Interaction between endocrine and immune systems in fish. *International Review of Cytology*, **220**, 35-92.

Zapata, A., B. Diez, T. Cejalvo, C. Gutierrez-de Frias, A. Cortes（2006）：Ontogeny of the immune system of fish. *Fish Shellfish Immunol.*, **20**, 126-136.

第2章 ワクチンの原理と種類

§1. ワクチンの歴史

天然痘（痘瘡），麻疹（はしか）をはじめ，いくつかの感染症については一度罹患すれば二度とかからないことは，古くから経験的に知られていた．又，軽症の痘瘡の痘庖材料を人に接種する人痘接種が古い時代に，ヨーロッパや中国で行われていた．しかし，安定した成果が得られず，時には危険を伴ったために定着するに至らなかった．現在のワクチン開発に結びつく科学的端緒を開いたのは，18世紀末のイギリスのジェンナーである．彼は，乳しぼり女が牛痘に感染すると天然痘に罹らないという当時の伝説を立証し種痘法を開発した（1796年）．その100年後フランスのパスツールは，狂犬病の病原体のウサギへの接種を繰り返して，病原体の感染力を弱めることに成功し，弱毒狂犬病ワクチンの開発に成功した（1885年）．パスツールはジェンナーの功績を称え，メス牛を意味するラテン語 "vacca" に因んで "vaccine" という言葉を創設した．

免疫という現象がいかなるメカニズムに基づいて発現するかについての研究は，感染症の背後に病原体の存在を想定し，炭疽（人畜共通感染症，1986年），結核（1882年），コレラ菌（1884年）をはじめ次々と病原細菌を発見したコッホの業績である．彼の門下生によって，病原体が産生する毒素（ルッフェラーらによるジフテリア菌の純粋培養の成功と毒素の発見，1884年）の作用を中和する物質（ベーリングと北里によるジフテリア抗毒素の発見，1890年）あるいは病原細菌の菌体を凝集させる作用物質（グルーベとダラムによる凝集素の発見，1896年）が感染を経過した生体の血清の中に存在することが相次いで明らかにされた．やがて，抗毒素や凝集素のみならず，病原体ないしはその産生物になんらかの作用を及ぼす物質が感染後の生体の血清中に出現することが明かとなり，"抗体" と呼ばれるようになった．これに対して抗体産生の誘因となる物質は "抗原" と名付けられた．このように，19世紀の後半に微生物学，血清学あるいは免疫学という，現在のワクチン開発の背景となる学問の基礎が築かれた．

過去にワクチンが果たしてきた役割については，ポリオの生ワクチンの例をみれば明かであり，全国的に使用された1961年以降その発生は激減し，現在ではほとんど発生がみられない状態に近づいている．更に，天然痘に至っては，ジェンナーの痘瘡ワクチンの徹底的使用により地球上から姿を消した．特に，化学療法剤による予防，治療が難しいウイルスを原因とする感染症の最大の武器となったのはワクチンである．ワクチンはヒトや動物を感染から守るだけでなく，感染症そのものを駆逐する効果がある．このように，予防医学の中でのワクチンの寄与は大きく，多数の重要な感染症はワクチンによって防圧されるようになってきている．

§2. ワクチンの原理

ヒトや動物が一度感染症を経験すると，再び同じ種類の病原体の侵入を受けても，一定の期間感染が成立しない，つまり病気に罹らないのが普通である．この現象を免疫といい，ワクチンはこの原理を利用して人為的に細菌やウイルスが侵入したときと同様な反応を生体に引き起こさせるものである．従って，ワクチンを適用するには，生体が外来の異物（抗原）を認識し，特異的に

応答し記憶しておくシステム（獲得免疫と呼ばれる）を備えている必要がある．ヒトにおいてはこの特異的免疫システムは高度に発達しており，その主役をなすものはBリンパ球（B細胞とも呼ばれる）の産生する抗体や細胞性免疫の主体であるTリンパ球（T細胞とも呼ばれる）である（第1章1節および3節参照）．さいわいサメ・エイ等の軟骨魚類やニジマス・タイ等の硬骨魚類（大半の養殖魚はこのグループに属する）においても，獲得免疫は存在しワクチンの利用が可能である．一方，我々は獲得免疫に加えて，生まれながらに備わっている非特異的な免疫システムを持っている．これは自然免疫と呼ばれ，エビやタコ等の無脊椎動物にも備わっている．しかし，自然免疫は特異性がなく記憶を伴わないため，これらの自然免疫しか有さない動物にはワクチンが適用できない．つまり，エビやタコに異物を投与しても一過性の反応が起きるが，2回目に同じ異物を与えても最初と同じ程度の反応しか起こらない．獲得免疫を備えた魚類以上の脊椎動物では，2回目に異物を与えたときには，1回目に比べて素早く，かつ，より強い反応が起こる．これは二次反応又は既往反応と呼ばれ，1回目の異物の侵入を記憶している何よりの証拠である．従って，エビやタコにおいて，生体防御活性を高めるために死菌を投与する場合，ワクチンと呼ぶのは厳密に言えば誤りである．

§3．ワクチンの種類

ワクチンには培養した病原体をホルマリン等で殺して作る死菌ワクチン（ウイルスならば「殺す」という語が適当でないのでここでは「不活化」とする）と，培養した病原菌の産生する毒素を不活化して作るトキソイド，病原体をいわば飼いならして病原性を失わせた弱毒生ワクチンがあるが，前二者を総称して不活化ワクチンと呼ぶ．従ってワクチンは不活化ワクチンと生ワクチンの2種類に大別される（表2-1）．この2種類は効果，副反応いずれの面でも差異がある．免疫効果の点からいえば，不活化ワクチンは短期間しか持続しないために，繰り返して接種を行う必要があり一般に血流中にしか抗体を作らない．しかも，免疫を誘導するためには大量の抗原を投与しないと効果がないため，接種された場合に毒ないしアレルゲンとして働くことがあり，発熱やショック等を引

表2-1　日本で用いられているワクチンの種類

ワクチンの種類	ワクチン名		接種年齢
不活化ワクチン	日本脳炎	ウイルス	3歳以上
	インフルエンザ	ウイルス	全年齢
	百日咳（P）	細菌	3カ月より
	（現在は感染防御抗原を用いたコンポーネントワクチンが用いられている）		
	狂犬病	ウイルス	随時
	A型肝炎	ウイルス	随時
生ワクチン	BCG	細菌	
	ポリオ	ウイルス	3カ月より
	麻疹	ウイルス	3カ月より
	風疹	ウイルス	12カ月より
	水痘	ウイルス	12カ月
	おたふくかぜ	ウイルス	12カ月より
	黄熱	ウイルス	随時
トキソイド	ジフテリア（D）	細菌	3カ月より
	破傷風（T）	細菌	3カ月より
サブユニットワクチン	B型肝炎	ウイルス	生後すぐ，および成人

注）PはD，T共にDPTとして用いられる．
『ワクチンの事典』（2004年）より転載

表 2-2 不活化ワクチンと生ワクチンの比較

ワクチンの種類	利　点	欠　点
不活化ワクチン	感染が起こらないので臨床反応がない 感染源とならない 免疫能の低下したヒト，妊婦にも接種できる	何回も接種する必要がある 接種直後副反応が出やすい 細胞性免疫，局所免疫の成立が弱い 大量の抗原が必要なため高価となる
生ワクチン	1回の接種で長期間持続する強い免疫が得られる 細胞性免疫，局所免疫の成立が得られやすい 広範な接種により伝播の鎖を断ち切ることが可能	ワクチン病原体の感染症状（臨床反応）がある ワクチン病原体を排出することがある 病原性が復帰する危険性がある
トキソイド	副作用が著しく軽減される	
サブユニットワクチン	不活化ワクチンの利点に加え，副作用が著しく軽減される 病原体を培養する必要がなく，抗原の大量生産が可能	免疫原性が弱い 細胞性免疫の誘導が弱い

き起こす可能性がある（表2-2）．これに反し，生ワクチンは宿主体内で増殖するため微量な接種で充分な効果があり，又，自然感染の場合の様に長期間にわたり持続する抗体を作り得る．更に，ポリオワクチンにおける腸管免疫のように細胞性免疫，局所免疫を誘導することが期待できる．従って，ワクチンとしては生ワクチンの方が優れているといえるが，突然変異による病原性復帰も考えられ安全性の面で問題がある．しかし，後（第7章2節）で述べるように，遺伝子工学的手法により無害な細菌やウイルスに，抗原をコードする遺伝子を組み込んで生ワクチンを作ることが可能であればこうした問題は解消される．

　ワクチンの中で防御免疫を誘導する際の標的となるタンパク成分要素を『感染防御抗原』と呼び，更にその中で本質的な有効成分のみを含むワクチンを『サブユニットワクチン』と呼ぶ．ワクチン開発を目的として従来利用されてきた細菌の感染防御抗原には，大きく分けて，細菌が産生するタンパク毒素を中心とした菌体構成成分と，死菌を中心とした全菌体とがある．前者の例としては，ジフテリアや破傷風のトキソイドおよび百日咳のコンポーネントワクチンがあり，感染防御抗原としての位置付けがきわめて明確である．それに対して，細菌の全菌体ワクチンの感染防御抗原としての評価は低く，表2-1にみるように現在までに，感染防御能の高いワクチンは，BCG等の例外を除いて開発されていない．チフス菌やコレラ菌においては病原性や免疫原性は，細胞壁リポ多糖（LPS）と密接に関連しており，これが感染防御抗原として重要であることが判っている．

　感染防御抗原をコードする遺伝子を単離して，酵母，大腸菌，動物細胞等に組み込んで作製した組み換えタンパクを組み換えサブユニットワクチンと呼ぶ．現在我が国で用いられているワクチンの中で，ヒトのB型肝炎ワクチンは世界で初めて開発に成功した組み換えサブユニットワクチンである．B型肝炎ウイルスは試験管内で大量に増やすことが難しく，これまで潜伏感染したヒトの血液からウイルスを精製してきた．サブユニットワクチンの場合には，このような感染性の血液を扱う危険もなく，大量に抗原が得られるという利点がある．しかし，一般に免疫原性が弱く，細胞性免疫の誘導能が弱いという欠点を有する．

（中西照幸）

参考文献

日本ワクチン学会（編）（2004年）：ワクチンの事典，朝倉書店，304pp.

ワクチンの投与方法

　現在使われている水産用ワクチンの投与方法は，注射法，浸漬法，経口法の3種類である．表3-1に各投与法の特徴を示した．現在は，有効性が最も重視され，注射法が最も多く用いられている．しかし，将来，研究が進み，より効果の高いワクチン（浸漬法や経口法でも十分効果のあるワクチン）が開発されれば，人間の労力も，魚が受けるストレスも少ない，経口ワクチンが主流になると思われる．又，浸漬ワクチンは餌付け前あるいは餌付け中の稚魚や幼魚への利用が期待される．本章では，はじめにすべての投与法に共通なワクチンの「使用上の注意」について説明し，次に各投与法について説明する．

表 3-1　ワクチンの各種投与法の特徴

	注射法	浸漬法	経口法
対象とする病気	多	少	少
有効性	高	中間	低
アジュバントの種類	多	少	少
処理速度（労力）	遅	やや速	速
術者の事故の可能性	有	無	無
魚へのストレス	大	小	無
稚仔魚への投与	できない	容易	初期にはできない
ワクチン必要量	少	多	多
ワクチン投与量	正確	やや不正確	不正確

§1．すべての投与法に共通する使用上の注意とその理由

　購入後，各ワクチンの使用は，製品の使用説明書（効能書き）に従って作業を進める．本節では，各ワクチンの「使用上の注意」のうち，全てのワクチンに共通する項目とその理由を箇条書きにして説明する．なお，個々の製品の使用方法と，その製品に特有の使用上の注意は，第4章で説明する．

1-1　ワクチンについて

　①ワクチンは凍らせないで2～5℃の暗所に保存し，開封したワクチンは一度に使い切る．有効期限が過ぎたものは使用しない．

　理由：ワクチンの品質を確保するため．使用時にも天幕を設置する等して，ワクチンに直射日光が当たらないように注意する．ワクチンの使用にあたっては，最終有効年月および外観・内容を確かめ，外観および内容に異常が認められるものは，使用しない．なお，保存温度および有効期間は，各製品によって異なる．

　②他の薬剤（他のワクチンを含む）を加えて使用しない．

　理由：化学的薬剤の添加については（本章1-2 ③）を参照．ワクチンの添加に関しては，複数のワクチンを混合した場合，抗原の競合・干渉により，どちらか一方の有効性が低下して効かなくなる可能性がある．たとえば，研究段階であるアユの冷水病不活化ワクチンとアユのシュードモナス症（細菌性出血性腹水症）不活化ワクチンを混合すると，冷水病ワクチンの効果が大きく損

なわれる．市販の多価ワクチン（複数の病気に有効なワクチン）は，複数のワクチンを混合して作られるが，はじめから同時に使用するようにデザインされており，抗原競合，あるいは，抗原の干渉が起こらないことが試験済みである．

③使用前によく撹拌してワクチンを均一な状態にする．

理由：静置しておくと菌体が底に沈殿する．多くのワクチンでは，上清よりも菌体が重要な役割を果たすため，菌体を均一に浮遊させる必要がある．なお，濡れた手（特に手袋装着時）は滑りやすいので，撹拌時にはワクチン瓶を落とさない様に注意が必要である．

④使用済みのワクチン液は，環境や水系を汚染しないように注意し，地方公共団体の条例等に従い適切に処理する．

理由：環境保護のため．余ったワクチン液を海や排水路や池に流してはいけない．開封したワクチンは保存できないので，速やかに使用し，一度に使い切る．

1-2 魚

①承認されている以外の魚種には使えない．

理由：抗生物質等の薬品は，殺菌作用（菌を殺す）や静菌作用（菌の増殖を阻害する）により，直接病原体に作用する．一方，ワクチンは魚の免疫を活性化して，間接的に病原体を排除する．免疫機能および生理機能は魚種によって異なる部分があるため，承認されている以外の魚にワクチンを使用した場合に，ワクチンが効かない，あるいは，強い副作用が生ずる可能性がある．

②導入又は移動後間もない魚には投与しない．

理由：移動に伴うストレスが原因となって投与時又は投与後の魚に異常が認められる場合がある．安全性の観点から，新しい環境に慣らした後でワクチンを使用することが望ましい．更に，ストレス時に上昇することが知られているホルモン，コルチゾルは魚の免疫機能を低下させることが知られている（第1章5節，表1-4参照）．上昇したコルチゾルが低下しないうちにワクチンを投与しても，十分な免疫応答が誘導されない可能性がある．

③病気の治療を継続中，あるいは他の薬剤投与直後の群には使用しない．

理由：オキシテトラサイクリン，オキソリン酸，フロルフェニコール等の抗生物質や一部の消毒薬には，魚の免疫機能を低下させる副作用がある（第1章5節，表1-8参照）．特に，用量を大きく超えてこれらの薬剤を使用すると，ワクチンの有効性に悪影響が出ることが，報告されている．感染症が発生している群では，注射ワクチンでは針を介して，浸漬ワクチンの場合はワクチン液を介して，病原体が広まる恐れもあり，しかもワクチンの投与のストレスにより発生中の感染症がより深刻になる可能性が高い．

④投与前には魚の健康状態をよく観察し，異常がある場合には投与しない．

理由：前述の通り，ワクチンは魚の免疫機能を介して間接的に作用する．そのため，免疫機能が正常な，健康な魚でなければ，本来の免疫疫能が誘導されない．

⑤ワクチン投与後，少なくとも1週間程度は安静に努め，移動や選別はなるべく避ける．

理由：ワクチン投与後の魚に速やかに免疫応答を誘導するため．ストレス時に上昇するコルチゾルについては，前述の通り．

1-3 術者（注射を打つ人）

①指導機関（家畜保健衛生所，魚病指導総合センター，水産試験場等）の直接の指導を受けて使用する．

理由：病原体に間接的に働くワクチンの原理と使用上の注意を正確に理解していないと，十分な安全性と有効性が得られないため．

②誤ってワクチンが作業者の眼，鼻，口に入った場合は，直ちに水洗した後，医師の診断を受ける．このようなことがないように，ゴーグルやマスクで顔面をガードする．

理由：術者を保護するため．特に，アジュバント入りのワクチン（第4章2-9参照）を作業者に誤注射した時には，重篤な症状が出る可能性が高く注意が必要である．

1-4 投与計画

ワクチンは予防対策であり，病気が発生してからではワクチンの効果は期待できない．そのため，ワクチンは計画的に投与することが重要である．しかし実際には，最も効果的な投与時期を決定することは，難しい．なぜなら，投与時期は，少なくとも次の5つの要因，すなわち，①予防したい病気の発生時期，②ワクチンの発現時期，③ワクチンの持続期間，④使用できる魚の体重，⑤使用できる水温，により制限されるからである．なお，各市販ワクチンの④使用できる魚の体重と⑤使用できる水温は，第4章の表4-1に示す．

1）予防したい病気の発生時期

最近，開発や普及が進んでいる多価ワクチンは，複数の主要な病気に有効で便利なワクチンであるが，対象とする各病気の発生時期は異なることが多い．各病気について，今年の発生時期を予想する必要がある．

2）ワクチンの発現時期

ワクチンは投与直後には効かない．投与後，ワクチンが有効になる時期を「ワクチンの発現時期」と呼ぶ．多くのワクチンの発現時期は投与後7日以内であるが，製品によっては投与2週間後から効果が確認されるものもある．従って，前述の1）対象とする病気の発生予想時期の少なくとも1～2週間前までに，ワクチン接種作業が終了するように計画しなければならない．

3）ワクチンの持続期間

ワクチンの効果は投与後しばらく続くが，永久に有効なわけではなく，次第に弱まる．魚に投与後，ワクチンの効果が有効な期間をワクチンの持続期間と呼ぶ．この持続期間は各製品により様々である．前述した1）の発生予想時期がワクチンの持続期間に含まれなければ，ワクチンの効果は期待できない．なお，第4章の表4-1に示した各製品の「有効期間」は，ワクチンが製造されてから，医薬品として使用できる（十分な品質が保たれている）期間であり，この「持続期間」とは異なる．

4）使用できる魚体重

各製品について，使用できる魚種と魚体重が決められている．一般に小さな魚は投与後の免疫応答が弱く，逆に大きな魚は投与が大がかりとなる．ワクチン投与計画は，投与予定魚群の成長を考慮して決定されることになる．

5）使用できる水温

各製品について，使用できる水温が決められている．一般に，低水温では投与後の免疫応答が弱く，高水温では投与時のストレスで死亡する危険性が高まる．水温が免疫応答に与える影響ついては第1章5節を参照．

実際には，これらの5要因の他に，気象条件，魚の搬入時期や運搬時期，ワクチンの対象外の病気（たとえばハダムシ症）の発生とその対策等の制限要因が更に加わる．前節で説明したように，ワクチン投与前1週間と投与後1週間は，魚を安静にしておくことが望ましく，選別や淡水浴等の作業は控えなければならない．このように，ワクチンの投与時期については，多くの制限要因があり，各養殖場の条件に合わせて最適な時期を決める必要がある．

§2. 注射法

2-1 特徴

　注射ワクチンは注射器によって直接魚体内に注入される．魚は水から取り上げられて空気中で窒息の危険にさらされるばかりでなく，人間の手で押さえつけられて粘膜や鱗をはぎ取られる．更に，注射針により魚体に傷がつく．このように注射法は，魚が受けるストレスが大きい方法であり，小さな魚への投与には使用できない．又，1尾ずつの処理になるため，群れを処理するには養殖業者にとっても多大な労力が要求される．更に，連続注射器や関連する専用の機器類を必要とし，誤って注射針を自分や他人に刺して傷つけてしまう危険性もある．このように，注射行為には短所ばかりが目立つ．このような短所を補い，安全かつ効果的にワクチン接種を行うために，注射ワクチンを使用する者は，事前に都道府県が開催する注射法の講習を受けることが義務づけられている（第11章参照）．

　しかし，ワクチンの効果の面から見ると，注射法は現在最も優れた投与方法である．これは，投与量が正確なので効果が均一に現れる，又，ワクチンが魚体内に確実に入るため少量で効果が現れるため，と考えられる．その上，注射法ではアジュバントと呼ばれる免疫増強剤の添加により，更に効果を増強することができる．実際に類結節症やせっそう病ワクチンでは，アジュバントなしでは実用的な有効性は得られない．このアジュバントについては，第4章2-9で説明する．

2-2 準備

　ワクチンは，第11章3節で解説されている手続きに従い，購入する．各製品の特徴は第4章2節の本文および表4-1に示す．本節では，ワクチン以外について説明する．

1）魚

　前述の通り，飼育環境になじんだ，過大なストレスを受けていない，健康な魚を用いる．魚に異常が観察される場合は，接種を延期する．特に注射法においては，後述の通り，同一の注射針で多数の魚を処理する．そのため，魚群の一部でも感染症に罹っていると，針の使いまわしによりその感染が広まる危険性がある．ワクチンは，対象魚群が感染症に罹っていないことを確認してから接種するよう，心がける必要がある．第4章に示されている通り，各ワクチンは製品ごとに使用できる体重に制限があり，又用いる注射針も体重に応じた長さの物を用いなければならない．そのため，事前に投与予定の群れの魚体重を把握しておく必要がある．摂餌により胃がふくれていると内臓が圧迫され針をよけるスペースがなくなり，腹腔に注射針を刺した際に針が内臓に刺さりやすくなる．それを防ぐため，注射の少なくとも24時間前から餌止めをして，胃が空になるようにする．魚の消化速度は水温に依存するため，水温が低い時には餌止め24時間後にも，胃に餌が残っている可能性があるので注意を要する．餌止めは，注射作業時の魚の酸素消費量を抑えるためにも有効である．

2）術者およびその補助者

　ワクチン接種中，常に「注射行為は，誤って自分自身あるいは周囲の作業者に，針を突き刺してワクチンを誤注射する危険性がある」ことを忘れずに，防具（ゴーグル，マスク，厚手の手袋）を身に着けて作業する．自身への誤注射は，注射時に魚を固定（保定とも呼ぶ）する方の手（右利きの人であれば左手）への可能性が高いので，厚手の手袋は利き手の逆の手に付ける．ワクチンの注射事故を繰り返すと，体質によっては副作用が強く現れることがあり，最悪の場合には，事故は生命にかかわる可能性がある．又，注射作業は長時間にわたることが多いので，飲料水等の飲み物を十分用意して脱水や熱中症を防ぐと共に，集中力を切らさないように努める．なお，効率よく注射作業を進めるためには，魚の運搬や後述する魚の麻酔を担当する補助者が必要である．

3）注射器具

〈各社製品について〉

群れ単位で管理される水産養殖においては，多数の個体への注射が必要となるため，連続注射器が使用される．使用に際しては，薬事法に基づき，動物用医療用具として承認を受けた，連続注射器および注射針を使用しなければならない．そのため，ヒト用や家畜用を転用することは出来ない．承認されている水産用連続注射器は，①富士平工業株式会社が製造する「水産用連続注射器 アクアピスター」，②田辺製薬株式会社が輸入する「連続注射器タナベ」，③共立商事株式会社が輸入する「トルメド魚類自動注射器」，④株式会社東和電機製作所が製造する「はまで式らくちんわくちん」の4機種であるが，現在販売されているのは，①のみである（図3-1）．②と③は現在販売中止，④はまだ販売されていない．

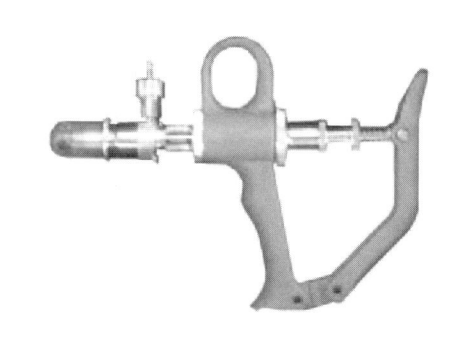

図3-1 注射器（アクアピスター富士平工業社製）

①は手持ち式の手動型連続注射器で，動力は必要とせず軽量である．片手で魚を保持し（保定），利き手で注射器を持ち，注射する．注射液の注入（ピストンの操作）は手動で行うため，長時間の使用では術者への負担が大きい．ただし，全体が軽量であるので，腕への負担は小さく，注入は手のひら全体を使えるように設計されているため，特定の指への負担も小さい．海面での使用に備え，防錆仕様になっている．

②は手持ち式であるが，注射液の注入は高圧空気を動力源として用いるため，術者への負担は小さい．一方で，①に比べると重く，動力源として高圧ボンベあるいはコンプレッサーを必要とする．手動よりも高圧で注入するため，特に筋肉内に接種する場合には①に比べより速く注射することができる．空中に発射した場合には，かなり遠くまで注射液が飛び散るので注意が必要である．

③は据え置き自動型で，動力源としてコンプレッサーが，機械の制御のために電源が必要である．予め選別して魚のサイズをそろえておく必要はあるが，接種時には術者は機械に麻酔した魚を放り込むだけであり，負担は小さい．注射ステーション2台の場合には，魚類（5～200g）の腹腔内に1時間に3,000～4,000尾注射することができる．又，自動式のため，術者等への誤注射の危険性がなく，安全性が高い．短所は，高価なこと，注射針が折れたことがわかりにくい（結果的には未接種になってしまう）ことである．

④は据え置き半自動型で，動力源として高圧ガスと電源が必要である．術者は魚の背側を手前に向けて魚をテーブルに寝かせ，両手で押さえたまま前方奥に押出し，テーブル奥に軽く押し付ける．注射針先端（注射針は奥から先端が手前になるように水平に位置している）が魚の腹鰭先端位置にくるように左右に位置を調整し，フットスイッチを1回踏み込むと，注射部が前方へせり出して注射針が腹腔に刺さり，所定量のワクチンが自動で注入される．半自動式でフットスイッチを使用するため，魚を両手で確実に固定できる．

④はブリ属魚類専用であるが，①～③は，全ての水産用ワクチンに使用することができる．なお，使用時以外は，動物用医療用具として小児や使用法を知らない人の手の届かない所に保管し，事故のないように注意する．

〈使用法〉

注射器具は，予め高圧蒸気滅菌又は煮沸等で消毒しておく．消毒薬で消毒した器具又は他の薬

剤に使用した器具は使用しない．十分熱が冷めてから組立て各部を締め，完全に組み上げられていることを確認する．現在承認されている注射ワクチンの用量（1尾当たりに注射する量）は，0.1 ml に統一されている．そこで各注射機の注射容量調整ネジを回し，注射量を正確に0.1mlに調整する．機種によっては用量調節ネジを回す前に，用量固定ネジを緩める必要がある．次に，連続注射器用チューブ（動物用）を用意して，注射器の吸入口と接続する．そして，チューブの反対の端をワクチンのバイアルに接続する（図3-2A）．このとき，バイアルの栓およびその周辺は消毒用アルコール等で消毒する．チューブ付属の空気抜き用の針も必ずワクチンのバイアルに刺す（図3-2B）．

4）注射針

事故防止のため，注射器に水産用注射針を装着する時は，針キャップを着けたまま行う．現在承認されている水産用ワクチンは，腹腔内に接種することになっている（イリドウイルス感染症不活化ワクチンについては，腹腔内接種に加えて，筋肉内接種も認められている）．このため，注射針は魚の腹壁を完全に貫通する長さが必要である．一方で，針が長すぎると，腹腔内の内臓に刺さり傷つけるおそれが高まる上に，人間への誤注射の危険性も高まる．そのため，各魚種別に，魚体の大きさ（腹壁の厚さ）に応じて，使用する注射針の長さ（深度とも呼ぶ）が定められている（表3-2）．このため，接種予定群の魚体重の範囲によっては，接種前に選別してサイズをそろえたり，異なる長さの注射針をセットした複数の注射器を用意したりする等の処置が必要となる．注射針も注射器と同様に動物用医療用具としての承認を受けた製品のみが使用できる．現在承認されている水産用の注射針は，富士平工業製の①水産用注射針 $\phi 0.7$（19G）×11mm，②水産用注射針　連続注射器用（$\phi 0.4$（27G）×3mm，$\phi 0.5$（25G）×4mm，$\phi 0.5$（25G）×5mm，$\phi 0.7$（22G）×6mm，$\phi 0.7$（22G）×7mm）（図3-3），③ユニシス製の「スキャリー針」の3製品であ

図3-2　チューブ等のワクチン容器への接続

表3-2　注射針の長さ（深度）

魚　種	魚体重の範囲（g）	針の長さ（mm）
ブリ属魚類	10～50*	3
	50*～100	4
	100～400	5
	400～1000	6
	1000～2000	7
マダイ	5～20	3
シマアジ	10～70	3
ヒラメ	30～200	3
	200～300	4

＊ 製品によっては30g

図3-3　注射針（富士平工業社製）

る．①は前述した注射器「トルメド魚類自動注射器」用であり，実際に使用する際には，魚体に指定された深さに刺さるように，調節して用いる．②は前述の「水産用連続注射器アクアピスター」用，③は「連続注射器　タナベ」用であり，各ワクチンの「使用上の注意」に記載されている深度の針を使用する．「水産用連続注射器アクアピスター」と「連続注射器　タナベ」については，人間への誤注射を防ぐため，適切な長さの針をセットした後，ニードルガードを着ける．なお，「水産用連続注射器　タナベ」の販売は現在中止されているが，同器用の「スキャリー針」の販売は続けられている．

　最後に注射器のハンドルを繰り返し操作して，注射液を注射器内に充填させる．注射器内に気泡があると，気泡の収縮によりワクチンを押し出す圧力が一定せず，毎回の接種（魚体へのワクチン液の注入）に時間がかかると同時に，注射液量が不正確になる．そのため，バレル内に気泡が生じている場合は，注射器を上向きにして軽く振って気泡を吐出口に動かし，針先から注射器内の気泡を追い出しておく．これで注射器の準備が整う．なお，気泡により圧力が緩和された結果ワクチンの注入に時間がかかり，針を抜くまでに注入が完了しない場合には，あたかも腹腔内から注射液が漏れたように見えることがある．

5）麻　酔

　注射ワクチンの投与に当たり，安全性や操作性を考慮して，必要に応じて麻酔薬を使用する．麻酔操作は方法を誤ると魚を殺してしまう危険性があるので注意を要する．現在，魚類に使用できる麻酔剤は，田村製薬製のＦＡ100のみであり，飼育水（淡水又は海水）にて1/5,000～1/20,000の濃度に希釈して麻酔液を作製する．麻酔のかかり方は，魚種，魚体重並びに水温，水質等の環境要因により変わるので，麻酔液の調整には十分な注意が必要である．予め少数の供試魚を用いて，麻酔液の至適濃度（麻酔液に数分間浸漬後に接種作業を行っても，被接種魚が暴れない濃度）を検討しておく．麻酔液が濃すぎたり麻酔液に浸漬する時間が長すぎると，麻酔が強くかかりすぎて呼吸が停止し，回復せずに死亡する恐れがある．逆に，麻酔が弱すぎると，魚の予想外の動きにより注射部位がそれたり，注射針が曲がったり，場合によっては自分自身，あるいは周囲の人への誤注射等の事故につながる．又，麻酔槽内の魚が過密になると酸欠等の事故を起こしやすいので，作業効率を上げるためには，麻酔槽の容量（あるいは個数）に余裕をもたせなければならない．更に，気温の高い時期には，作業中に麻酔液の温度が上昇し，事故を起こしやすくなるので，氷等を投入して液温を上昇させない等の工夫が必要である．

6）作業所

注射作業を効率よく進めるためには，事前に作業の流れを把握しておいて設備や器具を準備し，

図3-4　「とい」を利用した，投与後の魚の収容

配置を考えておく．魚種や魚体重，養殖場の条件等によって異なるが，一般的には，ワクチン接種予定魚を収容したいけす（水槽），麻酔槽（あるいは一時収容槽），注射作業台，接種終了魚を収容するいけす（水槽），等の一連の設備が用意される．

作業所に関しては，作業効率を高める種々の工夫が可能である．たとえば，作業台から収容いけすの間に，魚輸送用のとい，あるいは，パイプに魚投入のための孔を開けたものを設置して，ポンプ等を用いて海水を常に流しておくと，接種済魚を自動的に収容いけすへ流し込むことができる（図3-4）．作業および魚の収容にベルトコンベアー使用することもできる．このような工夫を行えば，接種終了魚の収容等を担当する作業員が省略できる．

2-3 接種作業

作業は，接種予定魚の取り上げ，麻酔槽への導入，麻酔槽の管理（魚の量および麻酔時間の調整，魚の観察），麻酔槽から注射作業台への魚の運搬，接種，接種済魚の収容の順に行われる．接種と同時に，接種尾数の計数，注射器具の調整や交換，バイアル瓶中のワクチン液残量の確認とバイアル瓶の交換等も行う．接種尾数とワクチン液の使用量（減少量）を比較することにより，注射器具の発射量の狂いや詰まりを知る目安とすることができる．注射器具に余裕がある場合には，予備器具として準備しておく．後述するうろこの除去や注射針の交換等の必要な際には，注射器具ごと交換すれば，作業を続けることができる．トラブルの発生した注射器具の調整を行う注射作業補助員も確保できれば，作業の効率が上がる．

魚に余分な傷やストレスを与えないよう，注射作業はできるだけ速やかに行い，接種魚を収容する．収容後は，接種魚に異常がないか遊泳状態を観察する．麻酔を使用した場合には，すべてが回復したことを確認する．なお，海面いけすに麻酔した魚を収容した場合には，麻酔から回復するまで（図3-5）に海鳥による食害が起こりやすいので，防鳥網等を用意すると良い．開封したワクチンは保存できないので，速やかに使用し，一度に使い切る．なお，ヒラメ陸上養殖におけるワクチン接種については，第9章コラムを参照．

注意点：魚種によっては針先に鱗がたまりやすい．鱗がたまると，魚体に刺さる針の長さは短くなり，確実な接種ができなくなるので常に注意する（図3-6）．鱗は必要に応じて除去するが，指先を傷つけないよう，注射針を曲げないよう慎重に行う．又，針先は注射するたびに少しずつ鈍くなる．そのため各注射針には使用回数（表3-3）が定められているので，使用回数を超えないように交換する．交換は，必ず針キャップを着けた状態で行う．又，使用回数に達しなくても，針先の切れ味が悪くなった場合には，速や

図3-5 麻酔から回復するまで防鳥網等を用意

かに新しい針と交換する．切れ味が悪い針は，魚体に刺す際に通常より大きな力が必要となり，針が曲がったり折れたりする原因になると同時に，魚体の損傷も大きくなるからである．針が折れて魚体に残り（この状態を残留針と呼ぶ），万一出荷時まで残りそのまま出荷されると，食品として危険であり，生産物の信頼性は著しく損なわれる．残留針が生じないように，針の曲がりや詰まりや使用回数，そして刃先の切れ味には，常に注意して作業を行う必要がある（曲がった針は伸ばさずに，すぐに交換する）．使用後の注射針は針キャップを着けたまま，回収用の専用容器（図3-7）に入れて密閉した後，廃棄物として適正に処分する．

表3-3　水産用注射針の最大使用回数

サイズ	回　数
φ0.4（27 G）× 3 mm	500回まで
φ0.5（25 G）× 4 mm	700回まで
φ0.5（25 G）× 5mm	700回まで
φ0.7（22 G）× 6 mm	700回まで
φ0.7（22 G）× 7 mm	700回まで
φ0.7（19 G）× 11mm	700回まで
スキャリー針	マダイの筋肉注射で約500回 ブリの腹腔内注射で約1,250回

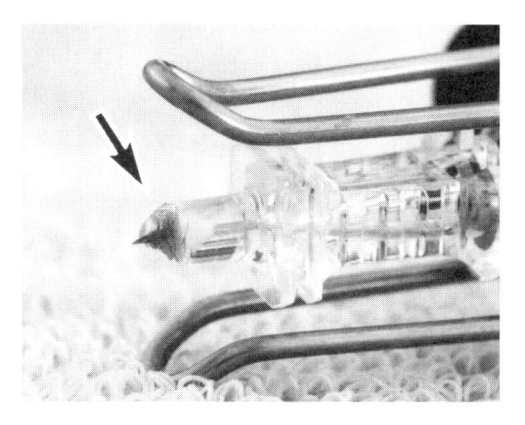

図3-6　注射針の先にたまった鱗

図3-7　使用後の注射針回収用の専用容器

〈誤注射について〉

ワクチンが，眼，鼻，口等に入った場合，又は術者等に誤注射した場合には，応急処置後，直ちに医師の診察を受け，適切な処置を受ける．ワクチンの特徴として，対象とする病気は人畜共通感染症であるかどうか（ヒラメのβ溶血性連鎖球菌症のみが人畜共通感染症），病原体はホルマリンで不活化してあること，油性アジュバントが含まれているかどうか（今のところ，油性アジュバントが含まれているのは，「ぶりのα溶血性レンサ球菌症および類結節症ワクチン」のみ）等を，医師に説明する．そして，できるだけ受診に際しては，各ワクチンに添付してある「使用説明書」を持参する．応急処置として，眼，鼻，口等に入った場合には清浄な水による洗浄を行う．誤注射した場合には，誤注射部位からワクチン液を口で吸い出し，吐き出すことを数回行う（最後に口を洗浄する）．このような事故を経験した術者および管理者は，日時，ワクチンの種類等の事故内容を必ず記録しておくと共に，受診時に医師に提示する．同一術者が事故を重ねると，アレル

ギー症状が激しくなる危険性が高まる．特に，強い免疫応答を誘導するアジュバント入りのワクチンの誤注射には注意を要する．管理者は，アレルギー症状が術者の生命にかかわる問題であることを認識し，事故が起きた場合には，適切な処置方法を急いでとらせる．そのまま注射作業を続けさせてはならない．

2-4　接種後の作業

注射作業が終了したら，注射器具の吸液部品（針およびチューブ）および空気抜き用針（図3-2）を，ワクチン容器からはずす．はずした針には，すぐに針キャップをつけておく．チューブから切断した吸液針および空気抜き用針は（針キャップを着けたまま），使用済みの注射針等と共に，回収用の専用容器（図3-7）に入れて密閉し，容器の廃棄は，産業廃棄物収集運搬業および産業廃棄物処分業の許可を有する業者に委託する．針以外の使い捨て部品（チューブ類），およびワクチンの空瓶についても，同様の専門業者に委託して廃棄する．なお，廃棄委託先が不明の場合は，（注射器具等の）メーカー又は購入先の代理店等に問い合わせる．注射器具の性能を維持するためには，使用後のメンテナンスが必須である．特に，ワクチンが接触する部分については，使用直後の洗浄を行わねばならない．吸液針を切断（除去）した吸液チューブの先端を，十分な真水（水道水）に浸して，空打ちを繰り返すことにより，注射器具内に真水を通過させ十分に洗浄する．洗浄が不十分なまま放置すると，不衛生であるだけでなく，ワクチンの成分が部品に付着して，次回の使用時までに発射できなくなる（故障する）場合が多い．その他の部分の分解洗浄は陸上等に持ち帰ってから行うが，メンテナンスの方法は注射器具の種類によって異なるため，各器具の取り扱い説明書に従って実施する．メンテナンスを終えた注射器具はよく乾燥させ，小児あるいは使用法を知らない人の手の届かない所に保管する．

§3．浸漬（しんし）ワクチン

3-1　特　徴

浸漬法は，ワクチン液の中に魚を浸漬することによってワクチンを投与する方法で，1976年に[1]開発された．魚類に特有なワクチンの投与方法である．ワクチンは，体表や鰓等から体内に入ると考えられる．可溶性抗原（水溶性成分）は浸漬処理中に主として皮膚や鰓に取り込まれ，その後数時間にわたって両器官から血液を介して体腎，頭腎，脾臓および2次血管系[2]に運ばれると推察されている[3]．一方，粒状抗原（不溶成分）は皮膚の微小創傷である「スレ」の部分に付着した後，創傷治癒の過程（傷が治っていく過程）で遊走性の上皮細胞により取り込まれると推察されている[4]．なお，浸漬投与された抗原の主要な取り込み部位を腸と主張する報告もある[5]．注射法とは異なり，浸漬法で免疫すると，多くの場合抗原に対する血中の抗体価の上昇は検出されないが[6,7]，検出されても非常に低い[8]．一方，dos Santosら[9]は，少なくともスズキの類結節症浸漬ワクチンについては，鰓における液性局所免疫が大きな役割を果たしていることを報告している．

本投与法は，魚をいけすや池等から取り上げる必要はあるが，大きな容器さえあれば，一度に多数の魚を処理することが可能で，群として管理される養殖魚に適している．特に，稚魚等のサイズの小さな魚への投与に適している．有効性は注射法に比べると劣るが，ビブリオ病等では十分な有効性が認められ，実用性が高い．取り上げた魚にワクチンを吹き付けるスプレー法やシャワー法等も浸漬法の一種と考えられるが，実用化された例はない．浸漬ワクチンに関連するこれまでの報告は，乙竹[10]にまとめられている．

3-2　開発の歴史

Amend and Fenderが開発した当時の方法は，魚を高張液に浸漬してからワクチン液に浸漬

する方法（二液法），あるいはワクチン液そのものを高張にする方法（一液法）であった．これらの高張浸漬法は，魚体内へ取り込まれる抗原量が多い反面，魚が受けるストレスも大きく，余り普及しなかった．その後，サケ科魚類のビブリオ病等で，高張処理を省いた直接浸漬法（direct immersion method）によっても効果があることが確認され，より簡便かつ，魚に過大なストレスを与えずにワクチン処理を行うことが可能となった[11]．現在，水産用ワクチンの投与方法として，この直接浸漬法が広く用いられている．我が国でも，アユのビブリオ病について，浸漬法[7,12]の効果が報告され，1988年には，日本初の水産用市販ワクチンとして，直接浸漬法を投与方法とする「あゆのビブリオ病不活化ワクチン」が承認された．これに加えて，現在では，「さけ科魚類のビブリオ病不活化ワクチン」と「ぶりのビブリオ病不活化ワクチン」が浸漬ワクチンとして市販されている．

3-3　浸漬法に影響を与える要因

浸漬投与された抗原の取り込み量に影響を与える要因として，これまでに①ワクチン液の抗原濃度，②ワクチン液の塩濃度，③アジュバントの添加，④浸漬時間，⑤水温，⑥麻酔処理等が報告されている[13〜18]．このうち，実際のワクチン投与においては，①ワクチン液の抗原濃度，④浸漬時間，⑤水温が最も重要と考えられる．城[19]はアユのビブリオ病ワクチンについて，ワクチン濃度を一定にした場合，浸漬時間が長くなるほど有効性が高くなり，浸漬時間が一定の場合にはワクチン濃度が高くなるほど有効性が高くなることを報告している．定量的な実験から，血中への可溶性抗原の取り込み量は，抗原液の濃度に比例し，浸漬時間の平方根に比例すること，更に，魚体内に取り込まれる粒状抗原量は，抗原液の粒子濃度および浸漬時間に比例することが報告されている[20,21]．水温については，サケ科魚類にビブリオワクチンを浸漬投与した場合，14℃に比べて10℃では防御能の発現が遅れること，更に4℃では浸漬後1カ月たっても防御能が発現しないことが報告されている[22]．ニジマスでは血中への抗原の取り込み量は，水温と正の相関を示し，低水温では次第に0に近づくことが示されている[18]．

3-4　使用方法と使用上の注意

養殖現場における実際の使用方法については，第9章コラムを参照．使用の際には以下の3点への留意が必要である．

1）直射日光下では使用しない．

理由：紫外線の影響によりワクチンの効果が損なわれるおそれがあるため．

2）使用時には，エアレーション又は酸素ガスの通気を十分に行う．

理由：処理中の酸欠を予防するため．前述のように，ストレスはワクチンの効果を低下させるので，ワクチン投与にあたっては，なるべく魚にストレスがかからないように努める必要があるため．

3）投与24時間以上前から餌止めを行う．

理由：胃に餌が残っていると，浸漬中に餌を吐きだし薬浴液を汚すと同時に，酸欠で死亡する危険性があるため．

4）ワクチン液が眼，鼻，口，皮膚につかないようにする．

理由：浸漬開始直後，および浸漬液からの取り上げ時に，魚の動きによりワクチン液が飛び散る．又，浸漬処理中は，魚の動きによりワクチン液が広範囲に飛び散るおそれがあるため．

§4. 経口法

4-1 特徴

本投与法は，ワクチンを口から食べさせることで投与する方法である．投与されたワクチンは，口から胃を通過した後，腸で吸収されて効果を発揮すると考えられている．ワクチンを餌に混ぜて投与するため，ほとんどのサイズの魚に投与できる．又，魚を取り上げる必要がないため，魚にストレスを与えなくて済み，労力もほとんどない．更に，新たな機器類を必要としないという利点もある．このように経口法は，魚類養殖には理想的な投与方法と言える．

しかし，効果の点では注射法に数段劣ることが多く，これが経口法の最大の欠点である．口からワクチンを投与した場合に比べて，肛門から腸にワクチン液を投与した場合の方が効果が高いことが知られている[23]．このことから，経口ワクチンの有効性が低いのは，腸で吸収されるべきワクチンの有効成分が，胃酸や胃の消化酵素（ペプシン）で変性，あるいは分解されて失われるため，と考えられる．胃での消化を防ぐために，ワクチン液を胃（酸性の状態）では溶けにくい膜でコーティングしたり，マイクロカプセルに詰めたりして投与する方法や，水に溶けにくい膜で覆って溶解するまでの時間を延長することによって未分解のワクチンを腸まで届けようとする方法が考案されているが[24〜26]，まだ実用化していない．又，個体間で摂餌量が異なるため，ワクチンの摂取量が個体ごとに大きく異なり，結果的にワクチンの効果にばらつきが生じる，という弱点もある．

市販の経口ワクチンは「ぶり又はぶり属魚類のα溶血性レンサ球菌症不活化ワクチン」だけである．本ワクチンは不活化菌体をそのまま用いたものであり，有効性を高めるため，投与は1回ではなく5日間の連続投与が定められている．経口投与のために新たに必要となる労力は小さいため，連日投与は現実的であるが，多量のワクチンが必要となる．

4-2 使用上の注意

ワクチンを餌に混ぜるだけなので，その後の魚への投与作業は，通常の給餌作業とほぼ同様であり，注意する点は少ない．

1）ワクチンを混ぜる餌の量は，魚の飽食量の約8割を目安に，すみやかに食べきれる量とする．

理由：残餌が出ると，混ぜられていたワクチンも無駄になり，十分量のワクチンが投与できないため．

2）餌に混ぜた後は，なるべく速やかに魚に投与する．又，混ぜた餌が余った場合には，再使用せずに地方自治体の条例等に従い適切に処分する．

理由：餌に含まれる各種酵素や雑菌によるワクチンの消化・分解・変質等の品質低下を防ぐため．

3）ワクチンが吸着しない餌を使用しない．

理由：ワクチンが餌に吸収あるいは吸着されないと，海水中に拡散してしまい，十分量のワクチンが魚に投与できないため．

前述したとおり，経口ワクチンの接種量は摂餌量に依存するため，各個体に同量のワクチンを投与することは難しい．接種量のばらつきが更に大きくなる事を防ぐため，ワクチンを均一に餌に混ぜることが重要である．

（乙竹 充）

文献

1) Amend D. F. and D. C. Fender (1976) : Uptake of bovine serum albumin by rainbow trout from

hyperosmotic infiltration: a model for vaccinating fish. *Science*, **192**, 793-794.

2) Vogel W. O. P. (1985) : Systemic vascular anastomoses, primary and secondary vessels in fish, and the phylogeny of lymphatics. in "Cardiovascular shunts: phylogenetic, ontogenic and clinical aspects." (ed. by K. Johansen and W. Burggren), Munksgaard, p.143-159.

3) Ototake M., J.D. Moore, T. Nakanishi (1996) : The uptake of bovine serum albumin by the skin of bath immunized rainbow trout *Oncorhynchus mykiss*. *Fish Shellfish Immunol.*, **6**, 321-333.

4) Kiryu I., M. Ototake, T. Nakanishi, H. Wakabayashi (2000) : The uptake of fluorescent microspheres into the skin, fins and gills of rainbow trout during immersion. *Fish Pathol.*, **35**, 41-48.

5) Rombout J.W.H.M., L.J. Blok, C.H.K. Lamers, E. Egberts (1986) : Immunization of carp (*Cyprinus carpio*) with a *Vibrio anguillarum* bacterin: indications for a common mucosal immune system. *Dev. Comp. Immunol.*, **10**, 341-352.

6) Croy T.R. and D.F. Amend (1977) : Immunization of sockeye salmon (*Oncorhynchus nerka*) against vibriosis using hyperosmotic infiltration. *Aquaculture*, **12**, 317-325.

7) 青木　宙・北尾忠利（1978）：アユのビブリオ病，魚病研究，**13**，19-24.

8) Whittington R. J., B. L. Munday, M. Akhlaghi, G. L. Reddacliff, J. Carson (1994) : Humoral and peritoneal cell responses of rainbow trout (*Oncorhynchus mykiss*) to ovalbumin, *Vibrio anguillarum* and Freund's complete adjuvant following intraperitoneal and bath immunisation. *Fish Shellfish Immunol.*, **4**, 475-488.

9) dos Santos N. M. S., J. J. Taverne-Thiele, A. C. Barnes, W. B. van Muiswinkel, A. E. Ellis, J.H.W.M. Rombout (2001) : The gills a major organ for antibody secreting cell production following direct immersion of sea bass (*Dicentrarchus labrax*, L.) in a *Photobacterium damselae* ssp. *piscicida* bacterin: an ontogenetic study. *Fish Shellfish Immunol.*, **11**, 65-74.

10) 乙竹　充（2009）：浸漬法，魚介類感染症の予防と治療，恒星社厚生閣，未刊.

11) Gould R.W., R. Antipa, D.F. Amend (1979) : Immersion vaccination of sockeye salmon (*Oncrhynchus nerka*) with two pathogenic strains of *Vibrio anguillarum*. *J. Fish Res. Board Can.*, **36**, 222-225.

12) 中島基寛・近畑裕邦（1979）：アユのビブリオ病に対するワクチン経口投与と高張浸漬法の効果，魚病研究，**14**，9-13.

13) Fender D.C., D.F. Amend (1978) : Hyperosmotic infiltration: factors influencing the uptake of bovine serum albumin by rainbow trout (*Salmo gairdneri*). *J. Fish Res. Bd. Can.*, **35**, 871-874.

14) Smith P. D. (1982) : Analysis of the hyperosmotic and bath methods for fish vaccination comparison of uptake of particulate and non-particulate antigens. *Dev. Comp. Immunol. Suppl.*, **2**, 181-186.

15) Tatner M.F., M.T. Horne (1983) : Factors influencing the uptake of 14C-labelled *Vibrio anguillarum* vaccine in direct immersion experiments with rainbow trout *Salmo gairdneri* Richardson. *J. Fish Biol.*, **22**, 585-591.

16) Tatner M. F. (1987) : The quantitative relationship between vaccine dilution, length of immersion time and antigen uptake, using a radiolabelled *Aeromonas salmonicida* bath in direct immersion experiments with rainbow trout, *Salmo gairdneri*. *Aquaculture*, **62**, 173-185.

17) Thune R. L., J. A. Plumb (1984) : Evaluation of hyperosmotic infiltration for the administration of antigen to channel catfish (*Ictalurus punctatus*). *Aquaculture*, **36**, 1-8.

18) Ototake M. and T. Nakanishi (1992) : Effect of water temperature on kinetics of bovine serum albumin in the plasma of rainbow trout *Oncorhynchus mykiss* after bath administration. *Nippon Suisan Gakkaishi* **58**, 1301-1305.

19) 城　泰彦（1990）：我が国における研究開発（1）アユ，魚類防疫技術書シリーズ8巻「アユとニジマスのビブリオ病ワクチン」日本水産資源保護協会，pp.36-54.

20) Ototake, M., J. D. Moore, and T. Nakanishi (1998) : The effectiveness of prolonged exposure on soluble antigen uptake during immersion immunization. *Fish Pathol.* **33**, 91-94.

21) Moore J. D., M. Ototake, T. Nakanishi (1998) : Particulate antigen uptake during immersion immunization of fish: The effectiveness of prolonged exposure and the roles of skin and gill. *Fish Shellfish Immunol.*, **8**, 393-407.

22) Amend D. F., K. A. Johnson (1981) : Current status and future needs of *Vibrio anguillarum* bacterins, in "Developments in biological standardization." (ed. by the International Association of Biological Standardization), 49, S. Karger, Basel. p. 403-417.

23) Ellis AE. (1998) : Meeting the requirements for delayed-release of oral vaccines for fish. *J. Appl. Ichthyol.*, **14**, 149-152.

24) Piganelli JD, JA Zhang, JM Christensen, L. Kaattari (1994) : Enteric coated micro-spheres as an oral method for antigen delivery to salmonids. *Fish Shellfish Immunol.*, **4**, 179-188.

25) Joosten PHM, E. Tiemersma, A. Threels, C. Caumartin-Dhieux, JHWM. Rombout (1997)：Oral vaccination of fish against *Vibrio anguillarum* using alginate microparticles. *Fish Shellfish Immunol.* **7**, 471-485.
26) Vervarcke S., F. Ollevier , R. Kinget, A. Michoel (2002)：Development of a lag time coating for drug-layered fish feed pellets. *Pharm. Dev. Technol.*, **7**, 471-480.

第4章 市販ワクチン

§1. 概論

1-1 市販ワクチンの種類

　水産動物については，狂犬病ワクチンのように法律で接種が義務づけられたワクチンはない．しかし近年，家畜用ワクチンに匹敵する高い有効性を持つワクチンが開発され，ブリを中心として急速に普及した（第9章1節）．第2章3節で述べたように，ワクチンの種類には，培養した病原体等をホルマリン等で殺して作る不活化ワクチンと，病原体の病原性を失わせた弱毒生ワクチンがある．生ワクチンは，前述の通り，それぞれの利点がある．しかし，水産用については，突然変異による病原性の復帰や，他の魚種あるいは他の生物への安全性等が懸念されるため，日本では生ワクチンはまだ承認が得られていない．2008年12月1日現在，日本では10成分20品目の水産用ワクチンが承認・市販されているが，これらはすべて不活化ワクチンである．DNAワクチンも研究開発段階であり，実用化されていない．

1-2 多価ワクチン

　多くの養殖現場で，複数の魚病が問題となっている．一方で，最近の主流である注射ワクチンは，投与の手間や魚に対するストレスも大きいため，各病気を予防するために何度も注射を行うことは現実的でない．そのため，複数の種類のワクチンを混ぜた混合ワクチンの開発が進められている．混合ワクチンは複数の病気への有効性が保証されているので，「多価ワクチン」とも呼ばれる．これに対して，「ぶりの α 溶血性レンサ球菌症ワクチン」のように，1つの病原体に対してのみ有効な個々のワクチンは「単価ワクチン」あるいは「単味ワクチン」と呼ばれる．前述の通り，現在日本では，水産用ワクチンとして20種類の製品が販売されており，そのうち多価ワクチンは7製品である．最近では，新しく承認されるワクチンのほとんどは多価ワクチンであり，その割合は増加傾向にある．価格の点でも，多価ワクチンは優れている．ブリに使える注射ワクチンのメーカー小売り希望価格は単価ワクチンが30〜33円に対して，2価ワクチンが36〜49円，3価ワクチンが45円となっている．このように2価ワクチンや3価ワクチンは，そのワクチンの効く病気の数が増えているにもかかわらず，定価は1.5倍程度に抑えられている．開発・製造・販売するメーカー側にとっても，多価ワクチンは開発コストの削減に役立つ．費用のかかる安全性試験は，多価ワクチンでも単価ワクチンと同規模で行えるからである．このように，複数の種類の病気を予防できる多価ワクチンは，複数回接種する必要がないために魚の受けるストレスも小さく，経済的である．そのため，今後，より多くの多価ワクチンが開発されるものと予想される．なお，単価ワクチンを自分で混ぜて使うことはできない（薬事法違反になる）．それは，第3章1-1で述べたように，2種類のワクチンを混ぜた場合には，抗原の競合・干渉のため，どちらか一方の有効性が低下して効かなくなる可能性があるからである．市販されている多価ワクチンでは，ワクチンの競合・干渉がないように，各ワクチンの作成方法や濃度，混合の割合等が工夫されており，魚への安全性と各病気への有効性が保証されている．

§2. 各 論

現在市販されている水産用ワクチンの開発の経緯および使用法について，成分別に説明する．製品名，使用できる水温，連絡先等，各市販ワクチンのその他の特徴については表4-1にまとめた．なお，使用方法，使用上の注意はともに抜粋である．使用上の注意については第3章で述べた内容は割愛し，本章では各製品に特有の項目のみを説明した．そのため，実際の各製品の投与については，本章に加えて，第3章1節および該当する各投与法の節（たとえば，注射ワクチンであれば第3章2節）も参照に，さらに，各ワクチンに添付されている効能書きを熟読されたい．

表4-1 各市販ワクチンの特徴，使用方法他

対象とする病気	アユのビブリオ病		
投与方法	浸漬		
製品名	アユ・ビブリオ病不活化ワクチン"日生研"	ピシバック VA アユ	ビブリオ病不活化ワクチン"化血研"
製造販売業者名	日生研（株）	共立製薬（株）	（財）化学及血清療法研究所
主成分	ビブリオ・アングイラルムA型PT-479株		
対象動物とその大きさ	0.6 g以上あるいは3 g以上のアユ（下記参照）		
使用できる水温	13℃以上		
有効期間	2年間		
包装単位	100 ml, 300 ml, 500 ml, 1,000 ml	500 ml	現在製造されていない
連絡先	a	b	現在製造されていない

対象とする病気	サケ科魚類のビブリオ病	ブリのビブリオ病
投与方法	浸漬	
製品名	ピシバック ビブリオ	ノルバックス ビブリオ mono
製造販売業者名	共立製薬（株）	（株）インターベット
主成分	ビブリオ属菌sp. VA1669株 ビブリオ・アングイラルムVA 775株	ビブリオ・アングイラルム Ft257株（J-O-3型）
対象動物とその大きさ	1g以上のサケ科魚類	1.0～3.4gのブリ
使用できる水温	約10～18℃	20～22℃
有効期間	2年間	製造後4年2カ月間
包装単位	500 ml	500 ml
連絡先	b	c

対象とする病気	ブリのα溶血性連鎖球菌症	
投与方法	経口	
製品名	ピシバック レンサ	"京都微研"マリナレンサ
製造販売業者名	共立製薬（株）	（株）微生物化学研究所
主成分	ラクトコッカス・ガルビエ KS-7M株	ラクトコッカス・ガルビエ SS91-014 G-3株
対象動物とその大きさ	平均体重約100～400gのブリ	平均魚体重50～500gのブリ
使用できる水温	水温20℃未満で使用しない	水温20℃未満では使用しない
有効期間	2年間	2年間
包装単位	6,000ml, 10,000ml, 20,000ml	100ml, 200ml, 500ml, 1,000ml
連絡先	b	d

第4章 市販ワクチン

対象とする病気	ブリ属魚類のα溶血性連鎖球菌症			
投与方法	経口	注射		
製品名	アマリン レンサ	ポセイドン「レンサ球菌」	Mバック レンサ注	マリンジェンナー レンサ1
製造販売業者名	日生研(株)	(株)科学飼料研究所	松研薬品工業(株)	バイオ科学(株)
主成分	ラクトコッカス・ガルビエTE9501株	ラクトコッカス・ガルビエKG9408(KG-)株	不活化ラクトコッカス・ガルビエF1Y株	ラクトコッカス・ガルビエBY1株
対象動物とその大きさ	平均魚体重約100〜400gの健康ブリ属魚類	体重約30〜300gのブリ属魚類	体重30〜300gのブリ属魚類	体重30〜300gのブリ属魚類
使用できる水温	20℃以下の時には使用しない	約20℃未満の時には使用しない	20〜26℃で使用	20℃未満の時には使用しない
有効期間	3年間	3年間	2年間	3年間
包装単位	50ml, 100ml, 500ml	50ml, 100ml, 250ml, 500ml	100ml, 200ml, 300ml, 400ml, 500ml	100ml, 200ml, 300ml, 400ml, 500ml
連絡先	e	f	g	h

対象とする病気	ヒラメのβ溶血性連鎖球菌症		マダイイリドウイルス病
投与方法	注射		
製品名	Mバック イニエ	マリンジェンナー ヒラレン1	イリド不活化ワクチン「ビケン」
製造販売業者名	松研薬品工業(株)	バイオ科学(株)	(財)阪大微生物病研究会
主成分	ストレプトコッカス・イニエF2K株	ストレプトコッカス・イニエBF1株	イサキヒレ株化細胞培養マダイイリドウイルスEhime-1/GF14株
対象動物とその大きさ	体重約30〜300gのヒラメ	体重約30〜300gのヒラメ	体重約5-20gのマダイ,体重約10〜100gのブリ属魚類又は体重約10〜70gのシマアジ
使用できる水温	約14〜27℃	14〜28℃	20〜25℃
有効期間	2年間	3年間	1年6カ月間
包装単位	100ml, 200ml, 300ml, 400ml, 500ml	100ml, 200ml, 300ml, 400ml, 500ml	100ml, 200ml, 500ml
連絡先	g	h	i

対象とする病気	ブリのα溶血性連鎖球菌症およびビブリオ病	ブリ属魚類のα溶血性連鎖球菌症およびビブリオ病
投与方法	注射	
製品名	ビシバック注ビブリオ+レンサ	"京都微研"マリナコンビー2
製造販売業者名	共立製薬(株)	(株)微生物化学研究所
主成分	ラクトコッカス・ガルビエ KS-7M株	ラクトコッカス・ガルビエSS91-014 G-3株ビブリオ・アングイラルムAY-1 G-3株
対象動物とその大きさ	体重約30g〜2kgのブリ	体重30〜300gのブリ
使用できる水温	14〜25℃	14〜25℃
有効期間	2年間	2年間
包装単位	200ml, 300ml, 500ml	100ml, 200ml, 500ml
連絡先	b	d

対象とする病気	ブリ属魚類のマダイイリドウイルス病およびα溶血性連鎖球菌症	ブリのα溶血性連鎖球菌症および類結節症
投与方法	注射	
製品名	イリド・レンサ混合不活化ワクチン「ビケン」	ノルバックス類結/レンサOil
製造販売業者名	(財)阪大微生物病研究会	(株)インターベット
主成分	イサキヒレ株化細胞培養マダイイリドウイルスEhime-1/GF14株ラクトコッカス・ガルビエNo.43株	フォトバクテリウム・ダムセラ・サブスピーシーズ・ピスシシダ Pp 66株 ラクトコッカス・ガルビエ INS 050株
対象動物とその大きさ	体重約10～100gのブリ属魚類	体重約17～150gのブリ
使用できる水温	20～25℃	約22～24℃
有効期間	2年間	3年4カ月間
包装単位	10ml, 100ml, 200ml, 500ml	250ml, 500ml
連絡先	i	c

対象とする病気	ブリ属魚類のマダイイリドウイルス病，ビブリオ病およびα溶血性連鎖球菌症	ブリおよびカンパチのマダイイリドウイルス病，ビブリオ病およびα溶血性連鎖球菌症
投与方法	注射	
製品名	ピシバック 注 3混	イリド・レンサ・ビブリオ混合不活化ワクチン「ビケン」
製造販売業者名	共立製薬(株)	(財)阪大微生物病研究会
主成分	ラクトコッカス・ガルビエ KS-7M株 ラクトコッカス・ガルビエ KS-7M株 マダイイリドウイルス YI-717株	イサキヒレ株化細胞培養マダイイリドウイルスEhime-1/GF14株 ラクトコッカス・ガルビエNo.43株 ビブリオ・アングイラルム040755株
対象動物とその大きさ	体重約10～860gのブリ属魚類*	体重約10～100gのブリ又はカンパチ
使用できる水温	20～27℃	20～25℃
有効期間	2年間	1年6カ月間
包装単位	200ml, 300ml, 500ml	10ml, 100ml, 200ml, 500ml
連絡先	b	i

連絡先一覧

- a 日生研株式会社　学術普及部
- b 共立製薬株式会社　つくば中央研究所
- c 株式会社インターベット　中央研究所
- d 株式会社微生物化学研究所
- e シェリング・プラウ　アニマルヘルス株式会社　アクアカルチャー事業部
- f 明治製菓株式会社　動薬飼料部　営業グループ
- g 松研薬品工業株式会社
- h バイオ科学株式会社
- i 財団法人阪大微生物病研究会　学術課

市販されているワクチンの概要は，農林水産省消費・安全局のホームページ（http://www.maff.go.jp/j/syouan/suisan/suisan_yobo/index.html）に「水産用医薬品の使用について」として，公表され，更新されている．さらに，水産用ワクチンを含めた動物用ワクチンに関する，商品名，製造販売業者名，承認年月日，主成分，対象動物，効能・効果，使用上の注意等の詳細な情報が，農林水産省動物医薬品検査所のホームページ（http://www.nval.go.jp）の「動物用医薬品データベース」で公開・更新されている．さらに詳しい，あるいは，さらに新しい情報は，これらの情報を参照するとよい．なお，生物名はカタカナ書きが一般的であるが，本章のワクチン名では法律上の記載と統一をとるために魚種名をひらがな書きとした．

2-1 あゆのビブリオ病不活化ワクチン（1価浸漬ワクチン）

開発研究は，1974年に始まった高知大学と徳島県の経口ワクチンに関する共同研究に端を発し，その後，1976～1981年の全国湖沼河川養殖研究会ビブリオ病研究部会（13～15県が参加），1978年の水産庁指定研究，動物用生物学的製剤協会魚病委員会（製薬メーカー5機関が参加．第8章1-2参照），1979～1983年の水産庁委託研究（(社)日本水産資源保護協会）に引き継がれた．これらの研究では，①ワクチン実用化への基礎的調査として，ビブリオ病の発生状況調査，原因菌の分離同定および分離菌の血清型が，②実験手法の確立として，使用菌株の保存方法と菌の生存率に及ぼす各種要因が，③攻撃方法の検討として，腹腔内注射法，経口法，浸漬法が，④各ワクチンの有効性として，経口ワクチンと浸漬ワクチン等がそれぞれ検討された．そして1982～1987年のアユのビブリオ病研究会（13県が参加）では，水産試験場内の屋外地および養殖場を用いた野外試験（臨床試験）が行われて，ワクチンの安全性と有効性が立証され，1988年に我が国最初の水産用ワクチン「あゆのビブリオ病不活化ワクチン」の製造が承認された．現在3製品が承認されているが，そのうち1製品は製造されていない．

・効能・効果：アユのビブリオ病（血清型J-O-1型）の予防．ビブリオ病の原因菌である*Vibrio anguillarum*（ビブリオ・アングイラルム）にはいくつかの血清型が知られている．絵面ら[2]は，耐熱性抗原（O抗原）の違いにより，本菌をJ-O-1型，J-O-2型，J-O-3型の3種類の血清型に分類し，J-O-1型はアユおよびサケから単離された菌が主体をなすことを示した．J-O-1型は，城[3]のA型，Skov Sørensen and Larsen[4]のO2型に相当する[5]．

・使用方法（抜粋）：濃いワクチン液に2分間浸漬する方法（下記①）と，薄いワクチン液に10分間浸漬する方法（下記②），の2種類が承認されている．どちらの投与方法を採用するかにより，使用できるアユの大きさ，1回に処理できる総体重，ワクチン液を反復して何回使用できるかが異なるので，注意が必要である．

①本品を飼育水で10倍に希釈したものを使用ワクチン液とする．使用ワクチン液1l当たり，総体重500g以下のアユ（魚体重3g以上）を通気しながら2分間浸漬する．使用ワクチン液は10回まで反復して使用することができる．

②本品を飼育水で100倍に希釈したものを使用ワクチン液とする．使用ワクチン液1l当たり，総体重200g以下のアユ（魚体重0.6g以上）を通気しながら10分間浸漬する．本使用ワクチン液は反復使用できない．

・使用上の注意（抜粋）：魚へのストレスを軽減するため，処理前後の水温差をできるだけ小さくする．

2-2 さけ科魚類のビブリオ病不活化ワクチン（2価浸漬ワクチン）

1988年8月に米国からの輸入申請，そして同年12月に国内での製造が，それぞれニジマス用として承認された．その後，92年に，適応魚種がニジマスからサケ科魚類へ拡大され，現在に至っ

ている．本ワクチンは，*Vibrio* sp.（*Vibrio ordalii*，血清型J-O-1型）および*Vibrio anguillarum*（血清型J-O-3型）を培養後，ホルマリンで不活化し，混合したものである．混合前の単価ワクチンはそれぞれホモ株を用いた感染実験では有効であるが，異なる血清型の株に対しては互いに無効であること，そして，混合後の2価ワクチンはどちらの株に対しても有効であることが確認されている[6]．

・効能・効果：サケ科魚類のビブリオ病（J-O-1型および3型）の予防
・使用方法（抜粋）：ワクチンを飼育水で10倍に希釈し，これを使用ワクチン液とする．使用ワクチン液1*l*当たり総体重500g以下の魚（体重1g以上のサケ科魚類）を，通気しながら2分間浸漬する．なお，使用ワクチン液は10回まで反復して使用することができる（実際の使用状況は第9章3節で紹介されている）．
・使用上の注意（抜粋）：魚に余計なストレスを与えないため，処理前後の水温差をできるだけ小さくする．気温が高い時には，浸漬液の水温が上昇しないように管理する．

2-3　ぶりのビブリオ病不活化ワクチン（1価浸漬ワクチン）

ビブリオ病浸漬ワクチンは，前述の通り淡水魚では古くからその効果が知られていた．海産魚では淡水魚と同様に古くからビブリオ病が知られていたが，浸漬ワクチンについては淡水魚ほどの効果が得られず，実用化されたのは最近である．ビブリオ病は導入初期に発生することが多いことから，注射が困難な稚魚に使える本浸漬ワクチンの価値は高い．

・効能・効果：ビブリオ・アングイラルム血清型J-O-3型によって引き起こされるブリのビブリオ病の予防
・使用方法（抜粋）：ワクチン1本（500m*l*）と海水4.5*l*を混合したものを使用ワクチン液とする．使用ワクチン液5*l*当たり，1回に平均体重1～3.4gのブリ（総体重1.85kg以下）を通気しながら30秒間浸漬する．同じ使用ワクチン液を3回まで反復使用できる．
・使用上の注意（抜粋）：使用できる魚のサイズおよび使用できる水温の範囲がいずれも狭いので，適切な投与時期を逃さないようにする．

2-4　ぶりのα溶血性レンサ球菌症不活化ワクチン（1価経口または注射ワクチン）

1）経口ワクチン

α溶血性連鎖球菌症（ラクトコッカス症，*Lactococcus garvieae*感染症）は，ブリ養殖において最も被害額の大きい病気であり，長年にわたりワクチンの開発が待望されていた．1982年に飯田ら[7]は注射免疫，浸漬免疫，経口免疫のいずれもが有効であることを報告している．1997年1月に本経口ワクチンの製造承認がなされ，1997年春より市販されるようになった（第8章2節参照）．注射ワクチンや浸漬ワクチンに比べて，1尾当たりの使用量が多く，包装単位も大きなものがある．現在以下の3製品，「ピシバック　レンサ」，"京都微研"マリナレンサ」，「アマリン　レンサ」が承認されており，製品ごとに，対象動物，用量，追加免疫の有無等が異なる．アマリン　レンサは菌体が濃縮型で，使用時に適量の水で薄めて用いる．同製品の対象動物は，当初ブリのみであったが，2006年にブリ属魚類に使用が拡大された．

繰り返しになるが，本ワクチンの対象であるα溶血性連鎖球菌症は魚病の中で最も被害が大きかった．そのため，本ワクチンの出現は，それまでワクチンになじみの薄かった多くの養殖業者に，魚病対策としてのワクチンの有用性を強く印象づけることとなった．製薬メーカーの大きな注目を集め，本ワクチンの成功は，その後の水産用ワクチンの開発・普及の促進に大きく貢献した．

・効能・効果：ブリ又はブリ属魚類のα溶血性連鎖球菌症の予防．

・使用方法（抜粋）：

「ピシバック　レンサ」：ブリ（約100〜400g）に，体重1kg当たり1日量としてワクチン10 m*l*を飼料に混ぜて5日間経口投与する．

「"京都微研"マリナレンサ」：ブリ（約50〜500g）に，体重1kg当たり1日量として10倍希釈したワクチン10 m*l*を飼料に混ぜて5日間経口投与する．なお，3カ月間以上の免疫効果を得るためには，初回投与約3カ月後に，魚体重1kg当たり1日量として，10倍希釈したワクチン10 m*l*を飼料に混ぜて，5日間経口投与する（追加免疫）．

「アマリン　レンサ」：平均魚体重約100〜400gの健康なブリ属魚類に魚体重1kg当たり，1日量としてワクチン0.5m*l*を飼料に混ぜて5日間経口投与する．なお，3カ月間以上の免疫効果を得るためには，初回投与約3カ月後，魚体重1kg当たり1日量として，ワクチン0.125m*l*を飼料に混ぜて，5日間経口投与する．

2）注射ワクチン

前述の経口ワクチンの成功により，水産用ワクチンの需要は大きく増加した．一方で，経口ワクチンは持続期間が3カ月間と短いことから，より持続期間の長いワクチンへの期待が大きくなった．このような背景の中，持続期間が長い注射ワクチンが2000年に承認され，急速に普及した．現在3製品（ポセイドン「レンサ球菌」，「Mバック　レンサ」，「マリンジェンナー　レンサ1」）が承認されている．

・効能・効果：ブリ属魚類の$α$溶血性連鎖球菌症の予防．

・使用方法（抜粋）：3製品の使用方法は，同一である．麻酔をかけたブリ属魚類（体重約30〜300g）の腹腔内（図4-1，腹鰭を体側に密着させた時，先端部が体側に接する付近の中心線上）に連続注射器を用い，0.1m*l*を注射する．

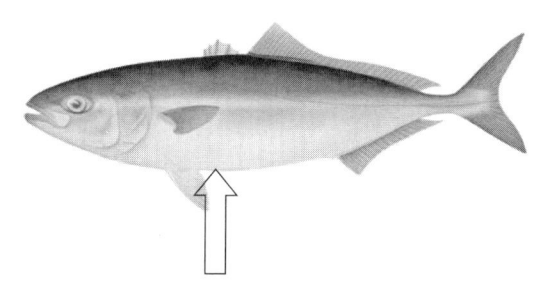

図4-1　ブリの腹腔内注射部位

2-5　イリドウイルス感染症不活化ワクチン（1価注射ワクチン）

マダイイリドウイルスは，マダイをはじめブリ，トラフグ，スズキ，ヒラメ等20種類以上の海産魚が感受性を示し，海産魚養殖および種苗生産の現場において深刻な被害をもたらしている[8]．ウイルス病に対しては抗生物質が無効なため，ワクチンの開発が強く望まれていた．Nakajimaら[9]はホルマリン不活化ワクチンの注射投与が有効であることを示した．本ワクチンは1998年マダイを適応魚種として製造承認され，2000年に適応魚種がブリ，2002年にブリ属魚類，シマアジにも拡大された（第8章3節参照）．

1）効能・効果1

マダイのマダイイリドウイルス病の予防．

・使用方法（抜粋）：マダイ（約5〜20g）の腹腔内（図4-2a，魚体の腹鰭から肛門にいたる下腹部）又は筋肉内（図4-2b，魚体の側線よりやや上方，背鰭中央真下の筋肉）に連続注射器を用い

図4-2a　マダイの腹腔内注射部位　　　　　　　図4-2b　マダイの筋肉注射部位

て0.1 mlを1回注射する．
・**使用上の注意（抜粋）**：マダイへは麻酔剤の使用は避ける．
　2）**効能・効果2**
　　ブリ属魚類のマダイイリドウイルス病の予防．
・**使用方法（抜粋）**：麻酔処理したブリ属魚類（約10～100g）の腹腔内（腹鰭を体側に密着させた時先端部が体側に接する付近の中心線上）に連続注射器を用い，0.1 mlを1回注射する．
　3）**効能・効果3**
　　シマアジのマダイイリドウイルス病の予防．
・**使用方法（抜粋）**：シマアジ（約10～70g）の腹腔内（図4-3，魚体の腹鰭から肛門にいたる下腹部）に連続注射器を用い，0.1 mlを1回注射する．

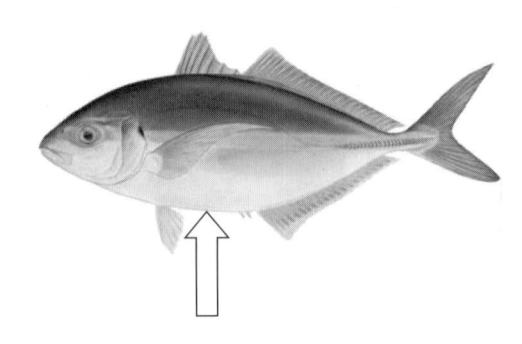

図4-3　シマアジの腹腔内注射部位

2-6　ひらめのβ溶血性レンサ球菌症不活化ワクチン（1価注射ワクチン）

　β溶血性連鎖球菌症は，ヒラメ養殖において，エドワジエラ症（*E. tarda*感染症）と並び古くから重要な病気であった[10]．佐古[11]は1993年にホルマリン死菌の注射投与がワクチンとして有効であることを示したが，市場規模が小さなヒラメのワクチン開発はブリほど積極的には進まず，市販は2005年となった．現在2製品が市販されている．
・**効能・効果**：ヒラメのβ溶血性連鎖球菌症の予防．
・**使用方法（抜粋）**：ヒラメ（体重約30～300g）の腹腔内（図4-4，有眼側胸鰭基部から胸鰭中央部にかけての下方）に連続注射器を用い，0.1 mlを注射する．使用状況については，第9章2節参照．

2-7　ぶりのα溶血性レンサ球菌症およびビブリオ病不活化ワクチン（2価注射ワクチン）

　ブリ養殖では最も重要な病気であるα溶血性連鎖球菌症に対するワクチンに，モジャコ導入直後に流行するJ-O-3型ビブリオ病のワクチンを加えたものである．ビブリオ病の流行に間に合うよ

うに，なるべく早期に投与するのが効果的と考えられる．最初の製品は2000年に製造が承認された．現在2製品が市販されており，製品により対象魚種と大きさが異なる．

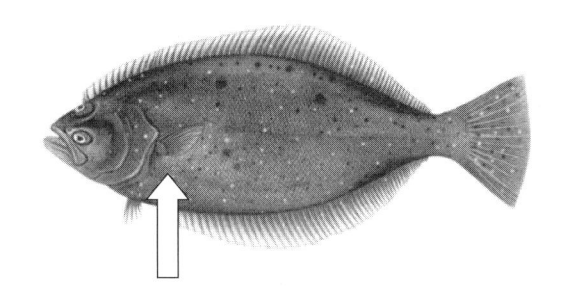

図4-4　ヒラメの腹腔内注射部位

- 効能・効果：ブリのα溶血性連鎖球菌症およびビブリオ病（J-O-3型）の予防．
- 使用方法（抜粋）：

「ピシバック注ビブリオ+レンサ」：麻酔したブリ（約30g〜2kg）の腹腔内（図4-1）に連続注射器を用い，0.1 mlを1回注射する．

「"京都微研"マリナコンビー2」：平均魚体重30〜300gのブリ属魚類の腹腔内（図4-1）に連続注射器を用い，0.1 mlを1回注射する．

- 使用上の注意（抜粋）：低水温で使用した場合には病気の予防効果が得られないおそれがあるので，水温が約14〜25℃の時に使用する．なお，低水温時にワクチン注射した場合，水温が18〜20℃に上昇するまで免疫効果が発現しないので注意する．

2-8　ぶり属魚類のイリドウイルス感染症およびα溶血性連鎖球菌症不活化ワクチン（2価注射ワクチン）

マダイイリドウイルス病はほとんどが当初マダイにおける被害であったが，1994年を境にブリやカンパチにおいても大きな被害が発生するようになった．特に1995年には，ブリ類で大きな被害が生じ，その被害額はマダイの被害額の数倍以上に達した．このような状況に対応して，マダイイリドウイルス病とブリ類に最も大きな被害を与えているα溶血性連鎖球菌症の混合ワクチンが開発された．両感染症は，0歳魚の夏季を中心に発生する．そのため，モジャコを導入後，比較的早い時期に投与するのが効果的と考えられる．

- 効能・効果：ブリ属魚類のマダイイリドウイルス病およびα溶血性連鎖球菌症の予防．
- 使用方法（抜粋）：ブリ属魚類（約10〜100g）の腹腔内（図4-1）に連続注射器を用い，0.1mlを1回注射する．

2-9　ぶりのα溶血性レンサ球菌症および類結節症（油性アジュバント加）不活化ワクチン（2価注射ワクチン）

α溶血性連鎖球菌症と類結節症は，ブリ養殖において最も被害が大きな病気であった．α溶血性連鎖球菌症については，1997年に経口ワクチン，2000年には注射ワクチンが市販され，その普及により被害は減少した．しかし，類結節症については，1981年に原因菌 *Photobacterium damselae* subsp. *piscicida* のホルマリン不活化死菌がワクチンとして有効であることが報告されたものの[12]，十分な有効性が認められず，実用化が進まなかった．本製品は，ホルマリン不活化菌液に植物油を主体とする油性アジュバントを加えることにより，類結節症に対する有効性を高めたもので，α溶血性レンサ球菌症ワクチンとの混合ワクチンとして，2007年に製造販売承認が認可された．日本の水産用ワクチンでアジュバントが利用された最初の，そして現在唯一の市販品

である．

　アジュバントとは，ワクチンの効果を高める働きがある免疫補助剤の総称である．油性アジュバントでは，油と界面活性剤（乳化剤とも呼ばれる）が主成分である．ワクチン（水相）と油（油相）を混合しても，そのままでは混ざらず2層に分かれてしまう．しかし，これに界面活性剤を加えることにより，2相のうちのどちらかが微粒子となってもう一方の相に浮遊（懸濁）し（これを乳化と呼ぶ），乳剤となる．

　乳剤化されたワクチンは，やや粘度が高まり，注射した部位にかたまりとなって留まり，長期間にわたって，抗原を放出する．その上，多くのアジュバントには，マクロファージを活性化し，リンパ球の分裂を促進する利点もある．このため，ワクチンは乳剤化により，より強い免疫応答を長期間誘導する．一方で，乳剤化されたワクチンは腹腔内に長期間とどまるため，その残留性および内臓の強い癒着等の副作用が問題となる可能性がある．このため，油性アジュバントが添加されたワクチンの使用については，出荷時に乳剤化したワクチンあるいは強い癒着等の副作用が消失するように，投与時期を適切に選択しなければならない．なお，本製品で使用されているアジュバントは，植物油を主体としたもので，食品としての安全性に問題はないことが証明されている．

・効能・効果：ブリのα溶血性連鎖球菌症および類結節症の予防．
・使用方法（抜粋）：ブリ（約30〜110g）の腹腔内（図4-1）に連続注射器を用い，0.1mlを1回注射する．
・使用上の注意（抜粋）：油性アジュバントを含むワクチンを注射した魚では，注射した部位に著しい反応やアジュバント等の異物の残留が認められることがある．このため，注射した部位の著しい反応や異物の残留が完全に消失するまでの期間として，49週間（343日間）が「水揚げ禁止期間」として定められているので，厳守する．具体的には，①水揚げ禁止期間を厳守する．②ワクチンの使用記録を付け，記録を保管する．③ワクチンを使用した群へ表示を行う等の適切な飼育管理を行う．④出荷に際しては，ワクチンの使用記録を常に確認し，水揚げ禁止期間が過ぎていることを確認する．⑤ワクチンを使用した魚を中間魚として出荷する場合には，出荷先に対して注射日および水揚げできない期間を明示する．

　油性アジュバントを含むワクチンは，アジュバントを含まないワクチンに比べて，誤って人に注射した場合に，より強い炎症を起こし，腫れや痛みを伴うことがある．そのため，誤って人に注射することが無いよう，より慎重に取り扱う．油性アジュバントを含むワクチンを誤って人に注射した場合は，直ちに患部の消毒等適切な処置をし，注射した量が少量であっても養殖魚用油性アジュバント添加ワクチンを誤って注射したことを医師に告げ，使用説明書を医師に示し，医師の診察を受ける．

　使い残りのワクチンは，紙等で吸い取り可燃物として処理する．

2-10　ぶりおよびかんぱち（ぶり属魚類）のイリドウイルス感染症，ビブリオ病および α溶血性レンサ球菌症不活化ワクチン（3価注射ワクチン）

　ブリ養殖では主要な病気として，モジャコ導入後にJ-O-3型ビブリオ病，水温上昇期に類結節症，高水温期にα溶血性連鎖球菌症およびマダイイリドウイルス病が発生し，大きな問題となっている．本ワクチンは，このうちのJ-O-3型ビブリオ病とマダイイリドウイルス病，α溶血性連鎖球菌症の防除を目的としている．2005年と2008年に製造が承認された2製品があり，対象魚種と対象魚体重が異なる．

「ピシバック注3」

・効能効果1:ブリ属魚類(体重約10~860g)のα溶血性連鎖球菌症およびJ-O-3型ビブリオ病の予防.

・効能効果2:ブリ属魚類(体重約10~120g)のマダイイリドウイルス病の予防.

「イリド・レンサ・ビブリオ混合不活化ワクチン「ビケン」」

・効能効果:体重約10~100gのブリ又はカンパチのマダイイリドウイルス病,α溶血性連鎖球菌症およびビブリオ病(J-O-3型)の予防.

・使用方法(抜粋):ブリ属魚類あるいはブリ又はカンパチの腹腔内(図4-1)に連続注射器を用い,0.1 mlを1回注射する.

・使用上の注意(抜粋):低水温で使用した場合には病気の予防効果が得られないおそれがあるので,水温が約20~25℃の時に使用する.

(乙竹 充)

文 献

1) 城 泰彦(1990):わが国における研究開発(1)アユ,魚類防疫技術書シリーズ8巻「アユとニジマスのビブリオ病ワクチン」,日本水産資源保護協会,36-54.
2) 絵面良男・田島研一・吉水 守・木村喬久(1980):魚類Vibrio属病原菌の分類学的並びに血清学的検討,魚病研究 **14**, 167-179.
3) 城 泰彦(1981):アユのVibrio anguillarum感染症とその予防効果,四国医学,**37**, 82-110.
4) Skov Sørensen and Larsen (1986): Serotyping of Vibrio anguillarum. Appl. Environ. Microbiol., **51**, 593-597.
5) 室賀清邦(2004):Ⅲ6.ビブリオ病-1,魚介類の感染症・寄生虫症,恒星社厚生閣,158-163.
6) 小松 功(1990):メーカーにおける開発研究と品質管理(2)ニジマス,魚類防疫技術書シリーズ8巻「アユとニジマスのビブリオ病ワクチン」,日本水産資源保護協会,82-85.
7) 飯田貴次・若林久嗣・江草周三(1982):ハマチの連鎖球菌症ワクチンについて,魚病研究,16, 201-206.
8) 松岡 学・井上 潔・中島員洋(1996):1991年から1995年に"マダイイリドウイルス病"が確認された海産養殖魚種,魚病研究,**31**, 233-234.
9) Nakajima, K., Y. Maeno, J. Kurita, and Y. Inui (1997): Vaccination against red sea bream iridoviral infection in red sea bream. Fish Pathol. **32**, 205-209.
10) 中津川俊雄(1983):養殖ヒラメの連鎖球菌症について,魚病研究,**17**, 281-285.
11) 佐古 浩(1993):ブリのβ溶血性連鎖球菌症予防ワクチンの有効性.水産増殖,**40**, 393-397.
12) 福田 譲・楠田理一(1981):各種投与方法による養殖ハマチ類結節症ワクチンの有効性,日水誌,**47**, 147-150.

第5章 開発中のワクチン

§1. ワクチン開発概論

 前章のとおり，現在市販されているのは，アユ，サケ科魚類およびブリのビブリオ病，マダイ，ブリ属魚類およびシマアジのマダイイリドウイルス病，ブリ属魚類のα溶血性連鎖球菌症（ラクトコッカス症，*Lactococcus garvieae*感染症），ブリの類結節症，ヒラメのβ溶血性連鎖球菌症（*Streptococcus iniae*感染症）に対するワクチンおよびこれらの混合ワクチンである．第1章で述べられているように，ワクチンは対象とする病気のみに有効であり，それ以外の病気には効果がない．すなわち，ワクチンにより予防が可能なのは，魚類では，まだ5種類の病原体にすぎない．養殖現場では，これら5種類の病原体による病気以外にも多くの病気が発生しており，それらに対するワクチン開発が進行中である．

1-1 病原体に関する基礎的な試験

 ワクチンの開発を進めるには，次の3点が解決している必要がある．

 ①原因となる病原体とその性状が明らかになっていること．

 開発対象の病気が感染症であり，その病原体が分かっていることが必要である．古くは，人類初のワクチンであるジェンナーの種痘のように，病原体が不明な時期にワクチンが実用化された例もあるが，現在では病原体の同定はワクチン開発に必須である．従来は病原体の同定には培養が必須であったが，現在では培養できなくても病魚のみが有している病原体の遺伝子情報からその種類を類推，あるいは同定することが可能となっている．病原体の物理化学的性状に加えて，特にワクチン開発では病原体の血清型の解析も必要となる．

 ②原因となっている病原体が大量に培養できる，又は，病原体の一部が大量に合成できること．

 ワクチンは病原体全体，あるいは，感染時に重要な役割を果たす病原体の一部（感染防御抗原，第2章参照）から作られる．このためワクチンを開発するためには，病原体の全体又は一部を大量に生産することが必要である．一般に細菌は，安価にかつ容易に培養できるため，病原体全体の培養が行われている．一方，培養に手間やコストがかかるウイルスや寄生虫については，病原体の一部を組み換え体として合成する試みが行われている．

 ③人為感染等によるワクチンの評価法が確立されていること．

 ワクチンの開発に当たっては，ワクチンの製造方法，ワクチンの投与方法，投与量等を決定する必要があるが，この際に必須なのがワクチンの有効性を評価する方法である．この評価は，直接的な方法である人為感染あるいは自然感染により行われる．具体的には，ワクチンを投与した群と投与していない群（対照群）に病原体を感染させて観察し，ワクチン投与群の累積死亡率と対照群の累積死亡率を比較する．対照区の累積死亡率に比べて，ワクチン投与群の累積死亡率が低いほど，ワクチンの有効性は高く評価される．マウス等のほ乳類と異なり，魚類では実験用の動物（遺伝的にばらつきのない特定の系統）が確立されていないため，ばらつきの小さい人為感染方法を確立するのは骨の折れる仕事である．ブリのα溶血性連鎖球菌症の感染試験は，検定基準においては，「飼育水温（25℃）で攻撃した後，飼育水温を2〜4時間かけて27℃に上昇させ，

14日間観察して各群の生死を調べる（動物用生物学的製剤検定基準より抜粋）」と定められているが，このように，再現性の高い感染試験方法には細かい工夫が凝らされている．

1-2 ワクチン開発研究

病原体に関する基礎研究により先に述べた①〜③が解決されると，ワクチンの開発研究が可能となる．しかし，病原体の培養方法，不活化方法，魚への投与方法等が検討されて，科学的にワクチンの有効性が証明されても，ワクチンの実用化研究が開始されるとは限らない．医薬品としての製造・承認に向けた実用化研究が開始されるためには，科学的な有効性に加えて，経済的に収益性が見込めることが必要となる．

実用化研究では，はじめにワクチンを製造する菌株が選択される．選択にあたっては，菌株の抗原性（ワクチンを作製した時の有効性）と安定性（培養や継代，保存により，各種の性状が変化しないこと）が重視される．次に，製造菌株の大量培養法や不活化法の確立等により，ワクチンの製造方法が定められる．そして，製造されたワクチンについて，最小有効（抗原）量が明らかにされ，それに基づき投与量が決定される．更に，この投与量を中心に，魚への安全性および有効性に関する種々の試験が屋内水槽や養殖場で行われ，投与対象とする魚の体重の範囲，使用できる水温の範囲，使用上の注意，検定方法等が決定される．

市販用にワクチンを製造するためには，製造所として農林水産大臣の許可を受けている必要がある（第11章参照）．このため，実用化試験の最終段階では，製造所として許可を受けている製薬メーカーが主体となり，ワクチンの製造・販売の承認申請に向けて一連の試験結果をとりまとめる必要がある．

このようにワクチンを市販品として製品化するためには，いくつかのステップをクリアする必要がある．そして，これらの一連の試験には，対象とする魚病の被害額や対象とする魚種の養殖生産量にかかわらず，一定の費用が必要である．このため，製薬メーカーによる開発研究は，高い収益性が見込める，市場規模の大きいワクチン，すなわちたくさん売れるワクチンに集中しやすい．実際に，現在市販されている20製品のうち14製品が，養殖生産量が最も多いブリ類を対象としている．

§2. ワクチン開発各論

本節では，被害が大きいにもかかわらずワクチンが市販されていない魚病について，現在のワクチンの開発状況を説明する．具体的には，ブリのノカルジア症，ブリの細菌性溶血性黄疸，ブリの連鎖球菌（*Streptococcus dysgalactiae* subsp. *dysgalactiae*）感染症，ヒラメのストレプトコッカス・パラウベリス（*Streptococcus parauberis*）感染症，ヒラメ・マダイ・ウナギのエドワジエラ（*Edwardsiella tarda*）症，アユの冷水病，フグの白点病におけるワクチン開発を紹介する．

2-1 ブリのノカルジア症

グラム陽性の糸状菌 *Nocardia seriolae*（= *Nocardia kampachi*）を原因菌とするノカルジア症は，日本では1966年頃から発生していたといわれる[1]．以来，西日本各地のブリ養殖場に広まり，養殖ブリの重要な病気の一つとなっている．長年にわたり，ブリ養殖に最大の被害をもたらしていたα溶血性連鎖球菌（*Lactococcus garvieae* 感染症）が近年ワクチンにより防除されるようになり，最近では，ノカルジア症が日本の魚病の中で最も被害額が大きい病気の一つとなった．1978年には加熱死菌およびホルマリン死菌ワクチンの有効性を示唆する結果[2]（供試尾数が少なく，有意差は検出されていない）が，1989年には生菌ワクチンの有効性を示唆する結果[3]（感染試験は行われていない）が報告される一方で，生ワクチンやホルマリン死菌の有効性が認められなかった

との報告も出され[4]，ノカルジア症ワクチンの有効性の有無については，議論が続いていた．ワクチンの有効性についての評価が定まらなかった原因として，ワクチンの有効性の評価法，すなわち人為感染試験の方法が十分確立されていなかったことがあげられる．最近，Itanoら[5]により人為感染法が確立され，生ワクチンの高い有効性が再確認された[6]．不活化ワクチンについても，今後の報告が期待される．本ワクチンは，開発されれば大きな市場規模が見込めることから，製薬メーカーによる開発研究が行われているものと推察される．

2-2 ブリの細菌性溶血性黄疸

反町ら[7]により発見された本病は，主として2歳魚以上の大型魚に発生するため大きな被害をもたらす．病原体として，病魚の血液中に観察される長桿菌が特定されている．本菌はL-15培地による培養が可能であるが，寒天を含む培地上では発育せず，原因菌の分類学的な位置は不明である．筋肉内注射や腹腔内注射による人為感染法が確立されているので，ワクチンの有効性を調べることはできると思われるが，残念ながら，これまでにワクチンに関する知見は報告されていない．継代培養により菌の性状が変化することが報告されており，品質の安定したワクチンを作製するためには，培地について更に改良が必要と考えられる．なお，原因菌の同定に関しては，遺伝子の解析により研究が進展する可能性がある．

2-3 ブリのストレプトコッカス・ディスガラクチエ（*Streptococcus dysgalactiae* subsp. *dysgalactiae*）感染症（ブリ属魚類のC群連鎖球菌症）

本症は，2004年に初めて報告された[8]．2002年の夏頃から，いくつかの養殖場で，α溶血性レンサ球菌症（*Lactococcus garvieae*感染症）ワクチンを投与したにもかかわらず，α溶血性連鎖球菌症と同様な症状を示して死亡する例が報告された．当初はワクチンが効かない事例として注目され，原因究明が進められた．その結果，原因菌は*L. garvieae*とは別種の*S. dysgalactiae*と同定された．これは，本菌について魚類からの初めての分離例となった．2008年には，更に詳細な性状が解明され，人畜共通病原体ではない亜種subsp. *dysgalactiae*に同定された[9]．本症は1歳魚以上の大型のカンパチで多く発生し，深刻な被害をもたらしている．本症の人為感染試験については，ブリ，カンパチ共に，浸漬攻撃および注射攻撃の成功例が報告されており，ワクチンの有効性を評価する準備は既に整っている．再現性の高い感染試験には，25〜28℃の高水温が必要とされている．養殖業者からのワクチン開発への期待が大きく，市場性も見込まれることから，製薬メーカーが中心となり，*Lactococcus garvieae*感染症ワクチンを含む多価ワクチンの開発研究が進んでいるものと推察される．

2-4 ヒラメのストレプトコッカス・パラウベリス（*Streptococcus parauberis*）感染症（ヒラメの新型連鎖球菌症）

ストレプトコッカス・パラウベリスは，魚類の病原体としては1996年にスペインのターボット（カレイの一種）で初めて確認された[10]．第9章2節および4節で説明されているように，日本では，最近，本病がヒラメ養殖において最も重要な魚病問題となっている．前述のブリ属魚類のC群連鎖球菌症の流行が既存のα溶血性レンサ球菌症ワクチンの売り上げを低下させかねないのと同様に，パラウベリス感染症の流行は，既に市販されている類似の*S. iniae*感染症ワクチンの普及を妨げかねない．このため，早急に本病のワクチンを開発・実用化する必要がある．養殖ヒラメの主産県と*S. iniae*感染症ワクチンの製造承認を持つメーカーの協力により，*S. iniae*と*S. parauberis*の両者に有効な2価ワクチン又は多価ワクチンが開発されれば，極めて有用であり速やかに現場に普及すると考えられる．既にヒラメにおいて，腹腔内注射を用いた人為感染試験法が報告されており[11]，試作ワクチンについて有効性を評価することができる．

2-5 エドワジエラ症（ヒラメ，マダイ，ウナギ）

原因菌である*Edwardsiella tarda*は，魚類ばかりでなく，は虫類，両生類，鳥類等からも分離され，宿主範囲がきわめて広い．産業的に大きな被害が生じているのは，日本ではヒラメ，マダイ，ウナギであり，ヒラメでは腹水症，ウナギではパラコロ病として古くから知られている．第9章4節で述べられているように，本症は養殖現場からは最も早急なワクチン開発が望まれている．本菌の強毒株は，好中球に貪食されても殺菌されにくいことが報告されている[12]．

ワクチンの開発は，日本を中心として，1980年代から長年行われている．これまでに，ホルマリン不活化死菌[13]や菌体から抽出したLPS[14]，更には遺伝子操作により弱毒化した生菌[15, 16]の有効性が，ウナギ，テラピア，マダイ，ヒラメで示されている．しかし，強毒株に対しては効果が認められない等，各種ワクチンの有効性は必ずしも安定しておらず[17]，実用化には至っていない．本菌と同様に，貪食細胞内で殺菌されにくい*Photobacterium damselae*や*Aeromonas salmonicida*による類結節症やせっそう病については，単なる不活化ワクチンでは十分な有効性が得られないことが知られており，油性アジュバントの添加により実用化が図られている．このため，本症においても適切なアジュバントを添加したホルマリン不活化注射ワクチンは高い有効性を示す可能性がある．更に，最近では，新たなワクチンとして，溶菌後に得られる本菌の外殻を主成分とする注射ワクチン[18]や経口ワクチン[19]の有効性が報告されている．

2-6 アユの冷水病（細菌性冷水病）

冷水病は，培地上では黄色いコロニーを示す長桿菌*Flavobacterium psychrophilum*（フラボバクテリウム・サイクロフィラム）を原因とする細菌感染症で，日本では，1987年にアユ養殖場で初めて発生が確認された[20]．その後，約10年間で全国のアユ養殖場に広まり，近年，天然河川でも大きな問題となっている．そのため，国，都道府県，全国内水面漁業協同組合連合会が中心となりワクチン開発が進められた．最初に効果が報告されたのは注射ワクチンで，ホルマリン不活化菌液に市販の油性アジュバント（セピック社のモンタナイドISA-763A）等を加えたワクチンの有効性が示された[21]．しかし，この油性アジュバント添加ワクチンはアユの体内に2～数カ月間も残留するため，実用化されなかった（この油性アジュバントの主成分は植物油と乳化剤で，ヒトが食べた際の安全性は保証されており，科学的には本ワクチンが残留したアユを食べても，健康上の問題にはならないと考えられる）．その後，残留期間の短い水溶性（乳化済）アジュバント（セピック社IMS-1312）の有効性が室内外で確認されたが[22, 23]，アユに対する毒性が認められたため実用化されなかった．

2003年には，対数増殖期の菌を用いれば，アユでもニジマスでもホルマリン不活化菌液が経口ワクチンとして高い効果を有すると報告されたが[24]，著者らの追試では効果が認められなかった．その後，不活化菌液を腸溶性（酸性の胃内では溶けないが，中性あるいは弱アルカリ性の腸内では溶解する）マイクロカプセル中に封じこめて魚に与える方法が開発され[25]，水溶性アジュバントの添加により有効率約50％が得られた．腸溶性経口ワクチンは，その後に量産化に向けて改良され，現在，製造承認の取得に向け，製薬メーカー主導の研究が進められている．浸漬ワクチンについては，有効率は約20～50％程度と低いが（図5-1）ホルマリン不活化菌液が有効である[26]．飼育水で2倍に薄めた不活化菌液に5分間アユを漬ける浸漬処理を2週間間隔で2回繰り返すことにより最も良い結果が得られている（図5-2）．体重1.1g以上のアユで有効であること，処理1週間後には免疫が誘導されるが，有効性はその後低下し，持続期間は比較的短いことが明らかになっている．前述の腸溶性経口カプセルと同様に製薬メーカー主導の研究が進められている．なお，本病は世界的にはサケ科魚類の稚魚に大きな被害を与えている．サケ科魚類についても，ワクチン開

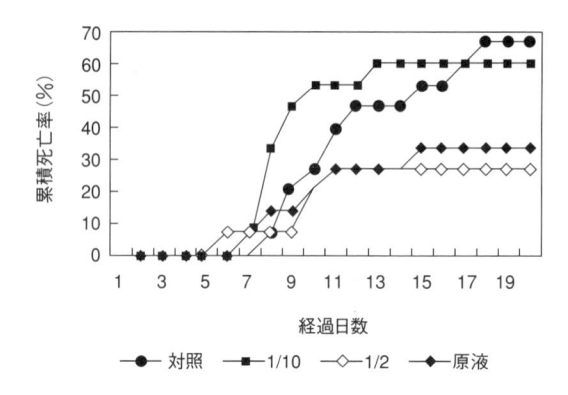

図5-1 凍結乾燥ワクチンの最小有効抗原量の検討
ワクチン投与後に冷水病に人為感染させ20日間観察して，各試験区の死亡率を対照区（無処理区，図では●）と比較した．10倍希釈ワクチン区（■）は効果がなかったが，無希釈原液（◆）又は2倍希釈ワクチン（△）区では，対照区より有意に（危険率5％）多くの魚が生残した．

図5-2 凍結乾燥ワクチンとその投与
ワクチンは保管や運搬に便利なように，濃縮されており（写真左），使用直前に飼育水に溶かす．約2gの試作濃縮ワクチンから750mlのワクチン液（写真右）が作製できる．ワクチン液にアユを5分間浸けて免疫する．このワクチン液で，1.9gの稚アユ最大100尾を免疫できる．

発が進められているが，まだ市販されたものはない．原因菌である F. psychrophilum は2007年に魚病細菌としては世界で初めて全遺伝子の塩基配列が決定された[27]．このため，今後は，遺伝子情報に基づくワクチンの開発も期待される．

2-7 フグの白点病

本症の原因は，繊毛虫 Cryptocaryon irritans であり，海産魚全般に感染する．他の多くの寄生虫症と同様に本症の水産用ワクチンは市販されていない．人工培地による本虫の培養，あるいは，人工餌料による本虫の飼育が難しいことが，ワクチン開発の最大の障壁となっている．しかし，実験室規模であれば，飼育中の魚類に継続的に本虫を感染させることにより病原体である本虫を維持して[28]ワクチンを作製したり，感染試験によりワクチンの有効性を評価したりすることは可能である．フグを用いたワクチン開発研究は報告されていないが，ボラやハタ類等においては，生ワクチンの高い有効性が報告されている[29, 30]．特に，本虫のセロント（theront）を用いたワクチンの有効性が高い[31]．このセロントは本虫の発育期の一つで，十分発育し魚から離れた虫体が，水底で形成するシストから遊出してきた，遊泳能を持つ仔虫を指す．不活化ワクチンでは，十分な効果が得られていない．

なお，淡水魚類の白点病（Ichthyophthirius multifiliis）については，1980年代には培養可能な

テトラヒメナ（ゾウリムシの一種）の繊毛懸濁液が，本症のワクチンとして有用であるとの報告[32]がなされ期待が高まったが，その後の研究で有効性は必ずしも確認されず[33]，実用化には至っていない．前述したC. irritansについては，本虫自身を人工培地により培養する方法の開発が続けられており，一定の成果が上がっている[34]．

2-8 サケ科魚類のせっそう病，ビブリオ病，β溶血性連鎖球菌症

前述したように，動物用医薬品である水産用ワクチンを市販するためには，製造・販売承認を取得する必要があり，一定のコストがかかる．そのため，サケ科魚類のように日本における養殖生産額が少ない場合には，製薬会社による実用化研究がなかなか進まない．そこで，養鱒協議会魚病部会が中心となって，サケ科魚類の主要な病気に対する多価ワクチンに関する基礎研究および実用化研究を進めている[35]．対象とする病気を増やすことにより，ワクチンの市場規模を少しでも大きくする試みである．

せっそう病ワクチンは，開発の歴史が長く，これまで死菌や弱毒生菌，種々の菌体外産物，糖タンパク，リポ多糖等，種々のワクチンや様々な投与法を用いた有効性試験が世界中で試みられてきた[36]．日本でも1980年代に浸漬ワクチンの開発が行われたが有効性が低く，実用化には至らなかった．ところが，ノルウェーやスコットランドを中心に，有効性が飛躍的に向上した油性アジュバントを添加した注射ワクチンが登場し，これらの地域では，一気に本病ワクチンが普及した．現在では，ヨーロッパのほとんどの大西洋サケとスチールヘッドにはワクチンが接種されており，せっそう病の被害はほとんどない（第6章2節参照）．日本でも，ホルマリン不活化死菌に油性アジュバントを添加した注射ワクチンについて研究が進められている．

β溶血性連鎖球菌症（S. iniae感染症）ワクチンについては，海産魚と同様に淡水魚でもホルマリン不活化ワクチンが有効であることが1988年に報告されている[37]．本症は，ニジマス等では大型魚にも発生することから被害が深刻である．又，ビブリオ病については前述のように，古くから不活化ワクチンが高い有効性を示すことが知られている．

現在，これらの3種類のワクチンを混合した多価ワクチンを，ニジマス，ギンザケ，アマゴ，イワナ等に投与して，ワクチンの安全性，有効性，残留性が調べられている．ワクチンの有効性や残留性についての問題は，油性アジュバントの改良により解決されつつあり，本ワクチンはほぼ実用化レベルに達している．

2-9 ハタ類のウイルス性神経壊死症（VNN）

現在の被害額は大きくないが，今後の養殖業の発展に大きく寄与すると予想されるハタ類のウイルス性神経壊死症（VNN）ワクチンについて述べる．VNNはノダウイルスを原因とする[38]．当初はシマアジの種苗生産現場で大きな問題となったが，精力的な研究の結果，ウイルス保有親魚の除去による垂直伝播の防止策が確立され，現在ではシマアジの種苗生産期での発生は，ほぼ解消している[39]．その後，様々な魚種で本症の発生が報告され，VNNウイルスの宿主範囲はかなり広いことが明らかとなった．その中でも，ハタ類やヨーロッパスズキではかなり大きな個体にまで感染することからワクチン開発への期待が大きく，研究が進められている．

これまでに，大腸菌で発現させたVNNウイルス外被タンパクを用いた注射ワクチン[40]，ホルマリンで不活化した培養ウイルスを用いた注射ワクチン[41]，エチレンイミンで不活化した培養ウイルスあるいはナノカプセル化したウイルスを用いた浸漬ワクチン[42]が有効であることが，報告されている．なお，エチレンイミンは家畜の口蹄疫のワクチンで用いられている不活化剤で，炭素2個と窒素1個からなる三員環構造を持つ．これらの試作ワクチンの有効性は十分に実用化できるレベルにある．特に，ホルマリン不活化注射ワクチンについては，水槽内の人為感染試験に加えて，

いけす内における自然感染試験においてもその有効性が確認されている．本ワクチンについては，製剤化に向け，現在，日本において公的研究機関と製薬メーカーが共同で研究を進めている．

　第8章3節で述べられているように，ハタ類では現在イリドウイルス感染症ワクチンが市販に向けて申請中である．これら2種類のワクチンにより，日本のハタ類養殖は大きく発展することが期待される．

（乙竹　充）

文　献

1) 江草周三（1978）：魚の感染症，恒星社厚生閣，p.239-245.
2) 楠田理一・中川敦史（1978）：ブリのノカルディア病，魚病研究，**13**，25-31.
3) 楠田理一・木村喜洋・浜口昌巳（1989）：*Nocardia kampachi*で免役したブリの血液中および腹腔内の白血球の動態，日水誌，**55**，1183-1188.
4) Shimahara Y., H. Yasuda, A. Nakamura, T. Itami, T. Yoshida (2005)：Detection of antibody response against *Nocardia seriolae* by enzyme-linked immunosorbent assay (ELISA) and a preliminary vaccine trial in yellowtail *Seriola quinqueradiata*, *Bull. Euro. Ass. Fish Pathol.*, **25**, 270-275.
5) Itano T., H. Kawakami, T. Kono, M. Sakai (2006)：Experimental induction of nocardiosis in yellowtail, *Seriola quinqueradiata* Temminck & Schlegel by artificial challenge, *J. Fish Dis.*, **29**, 529-534.
6) Itano T., H. Kawakami, T. Kono, M. Sakai (2006)：Live vaccine trials against nocardiosis in yellowtail *Seriola quinqueradiata*, *Aquaculture*, **261**, 1175-1180.
7) 反町　稔・前野幸男・中島員洋・井上　潔・乾　靖夫（1993）：養殖ブリ"黄疸症"の原因，魚病研究，**28**，119-124.
8) Nomoto R., LI Munasinghe, DH Jin, T. Yoshida (2004)：Lancefield group C *Streptococcus dysgalactiae* infection responsible for fish mortalities in Japan, *J. Fish Dis.*, **27**, 679-686.
9) Nomoto R., H. Kagawa, T. Yoshida (2008)：Partial sequencing of sodA gene and its application to identification of *Streptococcus dysgalactiae* subsp *dysgalactiae* isolated from farmed fish, *letters in applied microbiology*, **46**, 95-100.
10) Domenech A., J.F. Fernandez Garayzabal, C. Pascual, J.A. Garcia, M.T. Cutuli, M.A. Moreno, M.D. Collins, L. Dominguez (1996)：Streptococcosis in cultured turbot, *Scophthalmus maximus* (L), associated with *Streptococcus parauberis*, *J. Fish Dis.*, **19**, 33-38.
11) Kim JH, DK Gomez, GW Baeck, et al (2006)：Pathogenicity of *Streptococcus parauberis* to olive flounder *Paralichthys olivaceus*, *Fish Pathol.*, **41**, 171-173.
12) Iida T., H. Wakabayashi (1993)：Resistance of *Edwardsiella tarda* to opsonophagocytosis of eel neutrophils, *Fish Pathol.*, **28**, 191-192.
13) Song Y., GH. Kou (1981)：The immuno-responses of eel (*Anguilla japonica*) against *Edwardsiella anguillimortifera* as studied by the immersion method, *Fish Pathol*, **15**, 249-255.
14) Salati F., M. Hamaguchi, R. Kusuda (1987)：Immune response of red sea bream to *Edwardsiella tarda* antigens. *Fish Pathol.*, **22**, 93-98.
15) Igarashi A., T. Iida (2002)：A vaccination trial using live cells of *Edwardsiella tarda* in tilapia, *Fish Pathol.*, **37**, 145-148.
16) Lan M. Z., X. Peng, M. Y. Xiang, Z. Y. Xia, W. Bo, L. Jie, X. Y. Li, Z. P. Jun (2007)：Construction and characterization of a live, attenuated esrB mutant of *Edwardsiella tarda* and its potential as a vaccine against the haemorrhagic septicaemia in turbot, *Scophthamus maximus* (L.), *Fish Shellfish Immunol.*, **23**, 521-530.
17) 馬久地隆幸・清川智之・本多数充・中井敏博・室賀清邦（1995）：ヒラメのエドワジエラ症に対する予防免疫の試み，魚病研究，**30**，251-256.
18) Kwon S. R., Y. K. Nam, S. K. Kim, K. H. Kim (2006)：Protection of tilapia (*Oreochromis mosambicus*) from edwardsiellosis by vaccination with *Edwardsiella tarda* ghosts, *Fish Shellfish Immunol.*, **20**, 621-626.
19) Kwon S. R., E. H. Lee, Y. K. Nam, S. K. Kim, K. H. Kim (2007)：Efficacy of oral immunization with *Edwardsiella tarda* ghosts against edwardsiellosis in olive flounder (*Paralichthys olivaceus*), *Aquaculture*, **269**, 84-88.
20) Wakabayashi H., T. Toyama, T. Iida (1994)：A study on serotyping of *Cytophaga psychrophila* isolated from fishes in Japan, *Fish Pathol.*, **29**, 101-104.
21) Rahman, M. H., M. Ototake, Y. Iida, Y. Yokomizo, T. Nakanishi (2000)：Efficacy of oil-adjuvanted vaccine for coldwater disease in ayu *Plecoglossus altivelis*, *Fish Pathol.*, **35**, 199-203.

22) Rahman, M. H., M. Ototake, T. Nakanishi (2003): Water-soluble adjuvants enhance the protective effect of *Flavobacterium psychrophilum* vaccines in ayu *Plecoglossus altivelis*, *Fish Pathol.*, **38**, 171-176.
23) Nagai T., Y. Iida, T. Yoneji (2003): Field trials of a vaccine with water-soluble adjuvant for bacterial coldwater disease in ayu *Plecoglossus altivelis*, *Fish Pathol.*, **38**, 63-65.
24) Kondo M., K. Kawai, M. Okabe, N. Nakano, S. Oshima (2003): Efficacy of oral vaccine against bacterial coldwater disease in ayu *Plecoglossus altivelis*, *Dis. Aquat. Organ.*, **55**, 261-264.
25) 原 日出夫 (2007)：アユの冷水病感染症の現状と対策，防菌防黴，**35**, 57-63.
26) 5. 予防・治療対策 10-18,「アユ冷水病対策協議会とりまとめ」, アユ冷水病対策協議会（農林水産省消費・安全局水産安全室）(http://www.maff.go.jp/j/syouan/suisan/suisan_yobo/ayu_reisui/pdf/matome.pdf).
27) Duchaud E, M Boussaha, V Loux, et al (2007): Complete genome sequence of the fish pathogen *Flavobacterium psychrophilum*, *Nature Biotechnology*, **25**, 763-769.
28) Yoshinaga, T., H.W. Dickerson (1994): Laboratory propagation of *Cryptocaryon irritans* on a saltwater adapted Poecilia hybrid, the Black Molly. *J. Aquat Anim. Health*, **6**, 197-201.
29) Burgess P. J., R. A. Matthews (1995): *Cryptocaryon irritans* (Ciliophora) -acquired protective immunity in the thick-lipped mullet, *Chelon labrosus*. *Fish Shellfish Immunol*, **5**, 459-468.
30) Yambot, AV, YL Song (2006): Immunization of grouper, *Epinephelus coioides*, confers protection against a protozoan parasite, *Cryptocaryon irritans*, *Aquaculture*, **260**, 1-9.
31) Bai, JS, MQ Xie, XQ Zhu, XM Dan, AX Li (2008): Comparative studies on the immunogenicity of theronts, tomonts and trophonts of *Cryptocaryon irritans* in grouper. *Parasitology Research*, **102**, 307-313.
32) Goven B. A., D. L. Dawe, J. B. Gratzek (1980): Protection of channel catfish, *Ictalurus punctatus* Rafinesque, aginst *Ichthyophthirius multifillis* Fouquet by immunization, *J. Fish Biol.*, **17**, 311-316.
33) Dickerson Hw, J Brown, Dl Dawe, et al (1984): *Tetrahymena pyriformis* as a protective antigen against *Ichthyophthirius-multifiliis* infection-comparisons between isolates and ciliary preparations. *J. Fish Biol.*, **24**, 523-528.
34) Yoshinaga T, K. Akiyama, S. Nishida, M. Nakane, K. Ogawa, H. Hirose (2007): In vitro culture technique for *Cryptocaryon irritans*, a parasitic ciliate of marine teleosts, *Dis. Aquat. Organ.*, **78**, 155-160.
35) ビブリオ病・せっそう病・連鎖球菌症不活化ワクチン連絡試験「全国養鱒技術協議会平成19年度報告書」
36) Midtlyng PJ (1996): A field study on intraperitoneal vaccination of Atlantic salmon (*Salmo salar* L) against furunculosis. *Fish Shellfish Immunol.*, **6**, 553-565.
37) Eldar A, A Horovitz, H Bercovier (1997): Development and efficacy of a vaccine against *Streptococcus iniae* infection in farmed rainbow trout, *Vet. Immunol. Immunopathol.*, **56**, 175-183.
38) Yoshikoshi K., K. Inoue (1990): Viral nervous necrosis in hatchery-reared larvae and juveniles of Japanese parrotfish, *Oplegnathus fasciatus* (Temminck & Schlegel). *J. Fish Dis.*, **13**, 69-77.
39) 室賀清邦・古澤 徹・古澤 巌 (1998)：総説 シマアジのウイルス性神経壊死症，水産増殖，**46**, 71-85.
40) Tanaka S., K. Mori, M. Arimoto, T. Iwamoto, T. Nakai (2001): Protective immunity of sevenband grouper, *Epinephelus septemfasciatus* Thunberg, against experimental viral nervous necrosis, *J. Fish Dis.*, **24**, 15-22.
41) Yamashita H., Y. Fujita, H. Kawakami, T. Nakai (2005): The efficacy of inactivated virus vaccine against viral nervous necrosis (VNN), *Fish Pathol.*, **40**, 15-21.
42) Kai Y. H., S. C. Chi (2008): Efficacies of inactivated vaccines against betanodavirus in grouper larvae (*Epinephelus coioides*) by bath immunization, *Vaccine*, **26**, 1450-1457.

第6章 海外におけるワクチンの使用および開発

§1. 海外における魚類ワクチン普及の現状

　国内外において使用されている細菌病に対する魚類ワクチンは，表6-1に示すとおりオートジーナスワクチン*や実験段階のものを含めると15種類ある．このうち最も普及しているものは，ビブリオ病，レッドマウス病（ERM）およびせっそう病に対する3種類で，これらのワクチンの開発の歴史は古く現在16〜18カ国で市販されている．これら3種類のワクチンは注射，浸漬および経口の3つの方法で投与されている．次いで多いのが類結節症および冷水性ビブリオ病（ヒトラ病とも言われる）に対するワクチンである．以上述べたワクチンは，類結節症を除き主にサケ科魚類が対象となっている．海産魚を対象としたワクチンについては，類結節症やαおよびβ溶血連鎖球菌症に対するワクチンが市販されている．なお，類結節症ワクチンについて浸漬法で投与するのはブースターとして用いられる場合のみである．アメリカナマズの腸敗血症（エドワジエラ・イクタルリ感染症）やサケ科魚類の細菌性腎臓病（BKD）に対するワクチンは，生ワクチンとして市販されている．これらの弱毒生ワクチンについては，水中に排泄された場合には数時間以内に菌が死滅するとされている．

　ウイルス病については，伝染性膵臓壊死症（IPN），伝染性造血器壊死症（IHN），マダイイリドウイルス病および伝染性サケ貧血症（ISA）に対するワクチンが市販されている（表6-2）．このうちIPNとIHNについては第7章で述べるように，遺伝子工学的手法によって作製されたワクチンである．IHNに対するDNAワクチンについては，2005年にはカナダにおいて，サケ科魚類を対象に承認され使用されている．米国においても承認されているが，まだ使用はされていないという．ウイルス性出血性敗血症（VHS）については，ドイツの北部地方で弱毒生ワクチンとして地域を限定して実験的に使用されている．又，ソウギョの出血病（GCHD）に対する浸漬ワクチンが中国の長江水産研究所で試作され使用されているが，本ワクチンを含め中国では国として承認された水産用ワクチンはない．

　以上述べたワクチンについて単価ワクチンとして用いられる場合もあるが，各種のビブリオ病菌にせっそう病やIPN等を加えた5〜6価の混合多価ワクチンが油性アジュバント添加注射ワクチンとして広く普及している．

　国別に見たワクチンの使用については，ビブリオ病が一番多く，ほとんどの国で使用されている（表6-3）．次いでせっそう病，レッドマウス病，類結節症，冷水性ビブリオ病の順となっている．

---

*　autogenous vaccineと呼ばれ，甚大な被害を及ぼす新しい病気が発生し市販のワクチンが入手できない場合に限り，魚病の専門家の診断や魚病発生の状況，飼育環境，菌の特性や性状等の情報を基に，メーカーが養殖場（地域）より分離した特別な株を用いてワクチンを生産し，菌を分離した養殖場（地域）に限り期間を限定して使用することが，米国，カナダ，ノルウェー等で認められている．又，これらのデータは野外試験の治験データとしてワクチン申請の際に用いることができる場合がある．

表 6-1 国内外で使用されている魚類ワクチン（細菌病）

魚病名（病原生物名）	対象魚種名	投与法	使用されている国
ビブリオ病[*1] (*Vibrio anguillarum, V. ordallii*)	サケ科魚類，アユ，ブリグルーパー，シーバス，ヘダイ	注射・浸漬・経口	18カ国（日本を含む）
冷水性ビブリオ病 (*Vibrio salmonicida*)	サケ科魚類，海産魚	注射・浸漬	カナダ，アイスランド，ノルウェー，イギリス，ファロー諸島
冬の潰瘍病 (*Vibrio viscosus*)	サケ科魚類	注射	アイスランド，ノルウェー，ファロー諸島
温水性ビブリオ病[*1] (*Vibrio alginolyticus, V. vulnificus, V. parahemolyticus*)	グルーパー，シーバス，ヘダイ，スナッパー，エビ	注射・浸漬・経口	香港，中国，マレーシア，フィリピン
レッドマウス病（ERM） (*Yersinia ruckeri*)	サケ科魚類	注射・浸漬・経口	17カ国
せっそう病[*1] (*Aeromonas salmonicida*)	サケ科魚類，海産魚	注射・浸漬・経口	16カ国
運動性エロモナス症[*4] (*Aeromonas hydrophila*)	コイ	注射	ロシア
α溶血性連鎖球菌症[*2] (*Lactococcus garvieae*)	ブリ属魚類，シマアジ，シーバス，ヘダイ	経口・注射	日本，オーストラリア，イタリア，スペイン
β溶血性連鎖球菌症[*2] (*Streptococcus iniae, S. uberis*)	カンパチ，ヒラメ	経口・注射	日本，チリ，スペイン，ロシア
類結節症 (*Photobacterium damselae subsp. piscicida*)	シーバス，ヘダイ，ブリ，バラマンディ	注射・浸漬・経口	日本，オーストラリア，ギリシャ，イタリア，スペイン，トルコ
カナムナリス病 (*Flavobacterium columnare*)	サケ科およびコイ科魚類	注射・浸漬（稚魚）	チリ，中国
カナムナリス病[*3] (*Flavobacterium martimus*)	サケ科魚類，ターボット	注射・浸漬	オーストラリア，スペイン
アメリカナマズの腸敗血症（ESC） (*Edwardsiella ictaluri*)	アメリカナマズ	浸漬・注射（生）	米国
細菌性腎臓病（BKD） (*Renibacterium salmoninarum*)	サケ科魚類	注射（生）	チリ
ピシリケッチア (*Piscirickettsia salmonis*)	サケ科魚類	注射	チリ

[*1] 実験的使用を含む，[*2] オートジーナスワクチンを含む，[*3] オートジーナスワクチンのみ，[*4] 実験的使用のみ
この表は，第3回魚類ワクチン国際シンポジウムにおけるDr. Hasteinの講演を基に作成したものである．

表 6-2 国内外で使用されている魚類ワクチン（ウイルス病）

魚病名	対象魚種名	投与法	使用されている国
伝染性膵臓壊死症（IPN）	大西洋サケ	注射（組み換え）	チリ，ノルウェー，フェロー諸島，イギリス
伝染性サケ貧血症（ISA）	大西洋サケ	注射	カナダ，米，フェロー諸島
マダイイリドウイルス病（RSID）	マダイ，ブリ属魚類，シマアジ	注射	日本
伝染性造血器壊死症（IHN）	大西洋サケ	注射（DNA）	カナダ
ウイルス性出血性敗血症（VHS）[*1]	ニジマス	浸漬・スプレー・経口	ドイツの一部
ソウギョの出血病（GCHD）[*1]	ソウギョ	浸漬	中国の一部

[*1] 地域限定，実験的使用のみ
この表は，第3回魚類ワクチン国際シンポジウムにおけるDr. Rodsethの講演を基に作成したものである．

第6章 海外におけるワクチンの使用および開発

表6-3 国別に見た使用されている魚類ワクチンの種類

国　名	使用されているワクチンの病名
スペイン	ビブリオ病，せっそう病，レッドマウス病，類結節症，カラムナリス病，β溶血性連鎖球菌症，α溶血性連鎖球菌症
イタリア	ビブリオ病，せっそう病，レッドマウス病，類結節症，α溶血性連鎖球菌症
ギリシャ	ビブリオ病，せっそう病，類結節症
ノルウェー	ビブリオ病，せっそう病，レッドマウス病，冷水性ビブリオ病，冬の潰瘍病，IPN，PD
イギリス/スコットランド	ビブリオ病，せっそう病，冷水性ビブリオ病，IPN
アイルランド	ビブリオ病，せっそう病，冷水性ビブリオ病
フェロー諸島	ビブリオ病，せっそう病，冷水性ビブリオ病，冬の潰瘍病，IPN，ISA
アイスランド	ビブリオ病，せっそう病，冷水性ビブリオ病，冬の潰瘍病
トルコ	ビブリオ病，類結節症
ロシア	ビブリオ病，せっそう病，β溶血性連鎖球菌症，運動性エロモナス症
カナダ	ビブリオ病，せっそう病，レッドマウス病，冷水性ビブリオ病，ISA，IHN
アメリカ	ビブリオ病，せっそう病，レッドマウス病，アメリカナマズの腸敗血症（ESC），ISA
チリ	ビブリオ病，せっそう病，カナムナリス病，β溶血性連鎖球菌症，細菌性腎臓病（BKD），ピシリケッチア，IPN
オーストラリア	ビブリオ病，せっそう病，類結節症，カナムナリス病，α溶血性連鎖球菌症
日本	ビブリオ病，α溶血性連鎖球菌症，β溶血性連鎖球菌症，類結節症，マダイイリドウイルス病
香港，中国，マレーシア，フィリピン	温水性ビブリオ病

この表は，第3回魚類ワクチン国際シンポジウムにおけるDr. Hasteinの講演資料を改編したものである．

§2．ノルウェーにおけるワクチン使用の動向

"ワクチン先進国"ノルウェーにおける経験は，海外における魚類ワクチン使用の動向を探る上だけでなく，今後の我が国におけるワクチンを用いた防疫対策を展望する上でも参考となる．ノルウェーにおいて1971年に600トンだった大西洋サケの生産を現在その1100倍以上の70万トン（ニジマスを含む）にまで成長させた背景の一つとして，油性アジュバント添加混合多価ワクチンの普及が挙げられる．ワクチンを用いた防疫対策の成果としてせっそう病をはじめとしてビブリオ病や冷水性ビブリオ病の発生が激減している（図6-1）．このため，抗菌剤の使用量が激減し，1996年以降はノルウェー全体でも1トン前後の状況が続いている（図6-2）．ところが，養殖生産量が飛躍的に増大しているにもかかわらず，ワクチンの使用量は1988年をピークに減少し，1992年以降20トン余りと横ばいの状態となっている（図6-3）．この点については以下の理由が考えられる．①1988年頃に使用量が多くなっているのは多量のワクチンを必要とする浸漬ワクチンによるものであり，その後少量のワクチンしか必要としない注射ワクチンが普及したため．②1992年にアジュバント添加注射ワクチンが登場し，有効性だけでなく持続性も向上したため同じ個体に何回も投与する必要がなくなったため．③単価ワクチンから混合多価ワクチンへの切り替えによる．これまで，単価ワクチンを数回に分けて投与していたものが油性アジュバント添加混合多価ワクチンを1回だけ注射すれば済むようになったからである．更に，ワクチン量の減少の原因となっているのは1尾当たりの接種量の減少である．当初は1尾当たり0.2ml注射していたが，その後0.1mlとなり現在では0.05mlに減少している．このように，ワクチン使用量を容量だけでみると誤った理解をしてしまうことになる．なお，図6-3では2000年までのデータしか示していないが，現在は多くのメーカーより各種のワクチンが市販されているため，全体の使用量を把握することが難しい状況である．

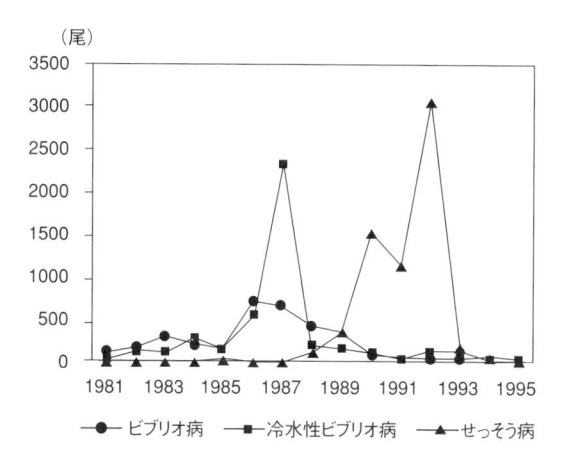

図6-1 ノルウェーにおける主な病気の発生件数の推移
Paul J. Midtlyng博士の学位論文（1998）より

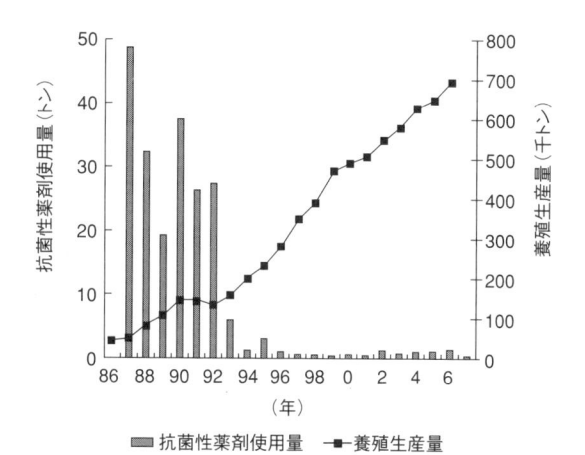

図6-2 ノルウェーの養殖生産量と抗菌性薬剤使用量の推移
養殖生産量のデータソース：Norweigian Fish Farmers Association
抗菌性薬剤使用量のデータソース：Norsk Medisinaldepot

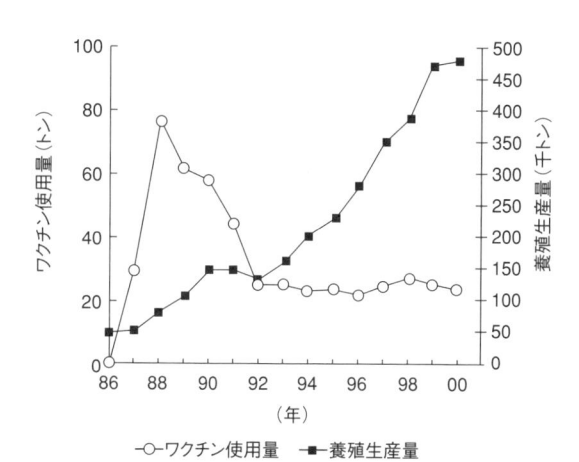

図6-3 ノルウェーの養殖生産量とワクチン使用量の推移
ワクチン使用量のデータソース：Veterinary Science Opportunities（VESO）

＊なお，抗菌性薬剤およびワクチン使用量のデータは，国立獣医学研究所長Dr. Roar Gudding並びにノルウェー獣医科大学教授Dr. Øystein Evensenの好意により入手したものである．

第6章　海外におけるワクチンの使用および開発

前述のように混合多価ワクチンの普及により，ビブリオ病，せっそう病および冷水性ビブリオ病はほとんど発生が見られなくなった．しかしIPNについては，ノルウェーにおいてもワクチンが市販されているものの効果は上がらず，依然として大きな被害をもたらしている．更に最近，これらの魚病に代わって新しいウイルス病，細菌病および寄生虫病が発生し大きな問題となっている．伝染性サケ貧血症Infectious Salmon Anemia（ISA）は1984年にノルウェーで初めて報告され，カナダ（1996），スコットランド（1998）にも拡がり現在では米国，フェロー諸島にも発生している．ワクチンについては，室内実験において高い有効性（攻撃後の対照群の死亡率が60％の時にワクチン投与群の死亡率は10％）を示す試作品が組み換えワクチンも含め開発されている．カナダではオートジーナスワクチンが1999年の春以来多くの養殖場で使用され，2001年に認可された．しかし，ヨーロッパにおいてはEUの法律によりList1疾病に指定されているISAについては根絶以外の方法は認められていない．但し，ISAに対するワクチンの野外での使用は原則的には禁止されているが，特に流行の激しい地域を指定して，その区域においてのみ実験的に使用することがノルウェー動物衛生局により認められている．しかし，使用の条件は厳しく定められており，ワクチンを投与した魚の指定区域外への移動や食用とすること，動物飼料への使用も禁止されている．細菌病は冬の潰瘍病winter ulcersと言われるもので，原因菌はこれまでのビブリオ菌とは異なるビブリオ・ビスコサスVibrio viscosus（最近Moritella viscosaに学名変更）である．有効なワクチンがノルウェーをはじめアイスランド，フェロー諸島で実用化されている（表6-1）．又，本菌にビブリオ病，冷水性ビブリオ病，せっそう病菌，およびIPNウイルス等を加えた油性アジュバント添加混合多価ワクチンが市販されている．ウイルスが原因と考えられるサケ膵臓病（PD）については，特別な条件下で使用が認められている．効果についてはばらつきがあるが，実験的には有効性が認められている．甲殻類の一種Lepeophtheirus salmonisあるいはCaligus elongatusの体表への寄生（サケジラミsea lice）も大きな問題となっているが，ワクチンについては研究が進められているものの実用化までには至っていない．

§3. 海外における魚類ワクチン開発の現状

表6-1，6-2で挙げた病気についてもより有効なワクチンの開発を目指して改良が行われており，特にIPN，VHS，ISA等については，次に述べる伝染性造血器壊死症（IHN）と共に，遺伝子工学的手法を取り入れたワクチンの研究・開発が活発に進められている．表に挙げた以外に開発が試みられているワクチンとして以下のような病気がある．

細菌病については，オヒョウ，ターボット，大西洋タラ，オオカミウオ（Spotted wolfish）において非定型エロモナス・サルモニシーダAeromonas salmonicidaに対するワクチンの開発が北欧を中心に試みられている．第5章2-6で述べられているように，アユの冷水病ワクチンの開発が我が国において進められているが，冷水病は，ヨーロッパ諸国，米国，オーストラリアおよびチリ等においてもサケ科魚類において大きな被害をもたらしており，アジュバント添加注射ワクチンの開発が試みられている．

IHNは，国内外を問わずマス類養殖において最も甚大な被害をもたらしているウイルス病である．これまでに，不活化，弱毒生ワクチンおよび遺伝子工学的手法により作製した組み換えワクチン，DNAワクチン等種々のワクチンの開発が試みられ，同じラブドウイルスに属するVHSと共に最先端の技術を駆使したワクチンの開発が試みられている病気の一つである．しかし，野外試験において効果が十分認められない場合がある．コイ春ウイルス血症（SVC）に対する生ワクチンがIPNとの混合ワクチンとしてチェコスロバキアで過去に市販されたことがあるが，病原性復帰

の問題で現在は販売されていない．しかし，依然として大きな被害を及ぼしていることからワクチンの開発が進められている．ウイルス性神経壊死症（VNN）は，我が国と同様に地中海諸国においても多くの海産魚類において問題となっておりワクチンの開発が進められている．

　他のウイルス病としては，アメリカナマズウイルス病（CCVD）等に対するワクチンの開発も進められている．

（中西照幸）

文　　献

1) 中西照幸（2001）：ワクチン開発の現状と普及への課題，養殖，**38**，60-63．
2) 中西照幸（2003）：ノルウエーにおける魚病対策と新疾病の動向，養殖，**40**，17-21．
3) 川合研児（1998）：魚類ワクチンの現状　魚類防疫，月刊海洋号外，**14**，145-148．

参考文献

Biering, E., S. Villoing, I. Sommerset, K. E. Christie (2005)：Update on viral vaccines for fish. In: Progress in Fish Vaccinology (ed. by Midtlyng, P. J., Proceedings of the 3rd International Symposium on Fish Vaccinology, Bergen, 9-11 April 2003), p.97-113, Karger

Håstein, T., R. Gudding, Ø. Evensen (2005)：Bacterial vaccines for fish - an update of the current situation worldwide. In : Progress in Fish Vaccinology (ed. by Midtlyng, P. J., Proceedings of the 3rd International Symposium on Fish Vaccinology, Bergen, 9-11 April 2003), p.55-74, Karger

第7章 新しいワクチンの開発動向

サブユニットワクチン,組み換え生ワクチン,ペプチドワクチン,DNAワクチン等バイオテクノロジーを駆使した新しいワクチンの開発が急ピッチで進んでいる(表7-1).サブユニットワクチンおよびDNAワクチンについては,魚類においても一部の国で市販されている.本章では,これらの新しいワクチンの開発動向について概説する.

表7-1 魚類におけるバイオテクノロジーを利用したワクチン

ワクチンの種類	抗 原
サブユニットワクチン	IPN-VP2, -NS, -VP3, IHN-G, -N, VHS-G, *Ichthyophthirius multifiliis*
遺伝子組み換え生ワクチン（ベクターワクチン）	IHN-G, VHS-G, IPN-polyprotein を *Aeromonas salmonicida* や *Yersinia ruckeri* の弱毒株に組み込んだもの
病原性遺伝子欠損ワクチン	*Aeromonas salmonicida*, *Aeromonas hydrophila*, *Yersinia ruckeri*
ペプチドワクチン	IHN-G, VHS-G, -N
DNAワクチン	IHN-G等,表7-2参照

§1. サブユニットワクチン（成分ワクチン）

ワクチンとして,病原体全体を使うのではなく,免疫原性を有するタンパクの部分（感染防御抗原）のみを用いる.すなわち,感染防御抗原をコードする遺伝子を,発現用プラスミドベクターと結合して大腸菌や酵母を用いて発現させ,この遺伝子組み換えタンパクを精製したものである.ヒトでは,B型肝炎ウイルスのHBs抗原を大腸菌や酵母を用いて発現させたものがワクチンとして用いられている.魚類においては,IPNのVP2タンパクを用いたサブユニットワクチンがノルウェーで市販されている（第6章参照）.IHNやVHS等のラブドウイルスについては,ウイルスの糖タンパク（Gタンパク）が感染防御抗原として知られている.IHNウイルスのGタンパクに対するサブユニットワクチンが開発され,実験室レベルで有効であることが示されているが[1, 2],ワクチンとしての大量生産には技術的な課題が残され市販には至っていない.又,VHSウイルスのGタンパクを用いたワクチンについては,実験室レベルにおいても有効性が認められないか,又は認められても低いことが報告されている[3].なお,ピシリケッチアにおいても,HSP60,HSP70および鞭毛組み換えタンパクの混合物を大西洋サケに投与した場合高い有効性（RPS＝95％）が認められている[4].

§2. 遺伝子組み換え生ワクチン

既に安全性が認められているベクター（ウイルスや細菌の弱毒株）に,他のウイルスや細菌の感染防御抗原をコードする遺伝子を組み込んで発現させ,ワクチンとして用いるものである.つまり,ベクターとして用いたウイルスや細菌に加えて,挿入した外来のウイルスや細菌に対する免

疫の両方が誘導される．ヒトでは天然痘のワクチンとして用いられてきたワクシニアウイルス(VV)をベクターとして，ヒト免疫不全ウイルス（HIV），ヒトT細胞白血病ウイルス-I（HILV-I），単純ヘルペスウイルス（HSV），狂犬病ウイルス，ウシ白血病ウイルス，ニワトリのマレック病をはじめ多くのウイルス病に対するワクチンが開発されている．又，弱毒チフス菌やBCG等をベクターとした細菌ベクターも開発されている．このワクチンの利点は，複数のウイルスや細菌の遺伝子を挿入でき，多価ワクチンとして働きうることである．又，ベクターとして生きたウイルスや細菌を用いるので，生ワクチンと同様に，液性免疫だけでなく細胞性免疫を誘導することができる（第2章参照）．魚類においてもせっそう病の原因菌であるエロモナスサルモニシーダ Aeromonas salmonicida の弱毒株にIHNやVHSの感染防御遺伝子を組み込んだ生ワクチンの開発が進められている[5]．

§3. 病原性遺伝子欠損ワクチン

従来，数世代にわたって飼いならして変異させることで弱毒化した細菌やウイルス株が作製されてきた．これに対して，病原性遺伝子欠損ワクチンは，分子生物学的手法により病原性を発揮する部分のみを除いたワクチンである．細菌はウイルスに比べゲノムサイズが大きく，複数の感染防御抗原を有する場合が多い．このような場合には，一連の感染防御抗原のみを発現させるよりも，病原性に関わる遺伝子を除く方が効率が良い．魚類においては，せっそう病の原因菌である A. salmonicida[6]，運動性エロモナス症の A. hydrophila[7] およびレッドマウス病の Yersinia ruckeri[8] において，aroA遺伝子を変異させ病原性を失くした弱毒株が開発され，これら弱毒ワクチンの高い有効性が報告されている．

§4. ペプチドワクチン

宿主による抗原の認識は，最終的には10〜20個程度のアミノ酸（ペプチド）配列に帰着することが，MHC分子によるT細胞への抗原提示に関する研究から明らかとなっている．言い換えれば，感染防御抗原のアミノ酸配列が明らかとなれば，人工的に抗原として認識されるペプチドを合成することが可能である．安価で抗原性も一定で安定しており，病原性がなく副作用の少ないワクチンの開発が可能となる．魚類ではIHNウイルスのGタンパクやVHSウイルスのGおよびヌクレオカプシド（Nタンパク）の一部について検討されているが，効果についてはばらつきがあり安定した結果が得られていない[9]．この種の研究における最大のポイントは，宿主の防御能を最大限に引き出す抗原決定基（エピトープ）の探索である．エピトープのスクリーニングには膨大な労力を有し，今のところ中和抗体価の誘導と攻撃試験に頼っているのが現状である．今後のこの分野の発展には，第13章で述べるように，細胞性免疫に着目した機能評価法の確立が必須と考えられる．

§5. DNAワクチン

CMV（サイトメガロウイルス）等転写プロモーターを含んだ発現ベクターに感染防御遺伝子を組み込み，このプラスミドDNAを直接動物に接種すると，宿主動物の細胞により感染防御遺伝子が発現する．宿主の細胞を用いて抗原を発現させることから，生ワクチンのように強い細胞性免疫を誘導することが可能で，しかも，生ワクチンの際に危惧される病原性の復帰の心配がない．このようにDNAワクチンは生ワクチンの長所と，安全性というペプチドワクチンの長所の両方を備えており，合成の容易さ，安定性，経済性等多くの面で従来のワクチンより優れている．ヒトではC型肝炎，ロタウイルス，インフルエンザ，単純ヘルペス，狂犬病，麻疹，HIV，エボラ出血熱

第7章 新しいワクチンの開発動向

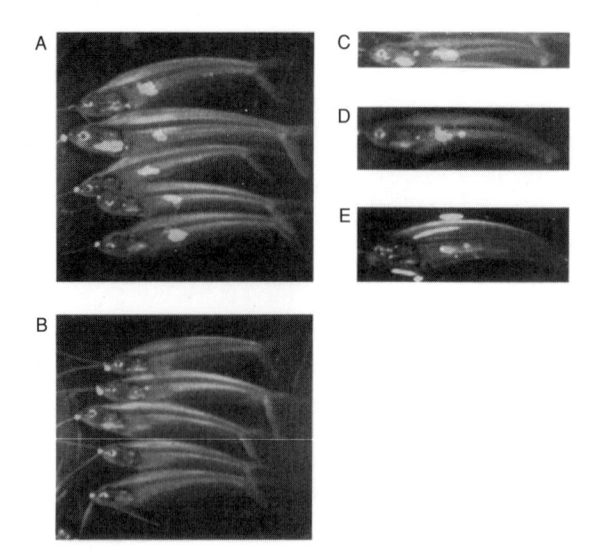

図7-1 グラスキャットフィッシュにおける，筋肉内に投与したルシフェラーゼ遺伝子DNAの長期間にわたる発現
A：DNA注射2週間後，B：未処理対照群，C：1カ月後，D：6カ月後，E：2年後　　　　　　　　　　（Dijkstra et al. 2001より）

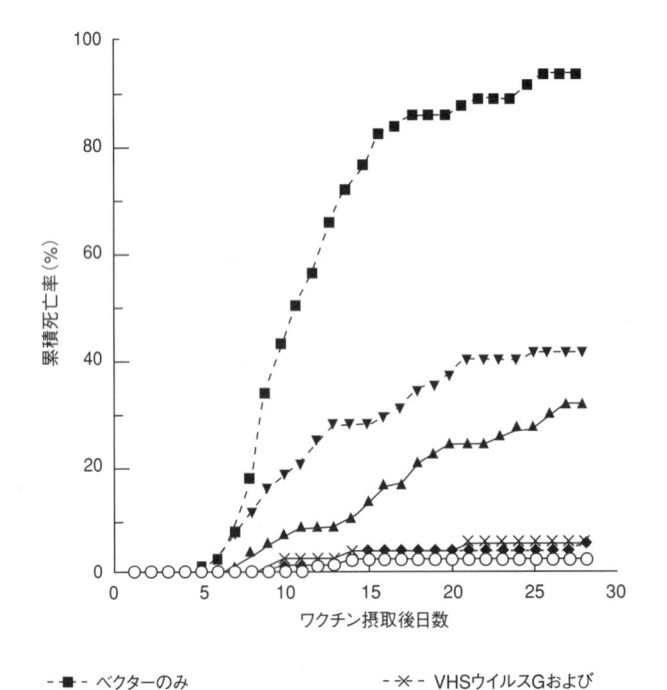

- ■ ベクターのみ
- ▼ 不活化VHSウイルス
- ▲ VHSウイルスNタンパク遺伝子（5μg）
- ✳ VHSウイルスGおよびNタンパク遺伝子（各5μg）
- ◆ VHSウイルスGタンパク遺伝子（10μg）
- ○ VHSウイルスGタンパク遺伝子（50μg）

図7-2　VHSに対するDNAワクチンの有効性
（Heppell et at. 1998より）

のほか，マラリア等の原虫でも報告されている．しかし，宿主に抗DNA抗体が産生される可能性がある．又，投与されたプラスミドDNAが宿種内に長期間（1年間以上）残存し，遺伝子発現が続く場合がある．魚類においても筋肉内に注射したルシフェラーゼ遺伝子が少なくとも2年間発現し続けることが報告されている[10]（図7-1）．もし，これらのプラスミドDNAが宿主細胞内の染色体に組み込まれたり，複製されたりすると遺伝子組み換え動物となってしまい，野外での使用が

表7-2 魚類におけるDNAワクチンの開発状況

病原体名	感染防御遺伝子	魚種名	投与法	防御効果
伝染性造血器壊死症（IHNV）	Gタンパク	ニジマス，大西洋サケ，マスノスケ，ベニザケ	筋肉内注射	有
IHNV	Gタンパク	ニジマス	腹腔内注射	若干
IHNV	Gタンパク	ニジマス	浸漬法	無
IHNV	N, P, M, NVタンパク	ニジマス	筋肉内注射	無
IHNV	SVCV-G，タンパク	ニジマス	筋肉内注射	有
ウイルス性出血性敗血症（VHSV）	Gタンパク	ニジマス	筋肉内注射	有
VHSV	Gタンパク	ニジマス	腹腔内注射	若干
VHSV	Nタンパク	ニジマス	筋肉内注射	有又は無
コイ春ウイルス血症（SVCV）	Gタンパク	コイ	筋肉内注射	有
ヒラメラブドウイルス病（HIRRV）	Gタンパク	ヒラメ	筋肉内注射	有
伝染性膵臓壊死症（IPNV）	セグメントA	大西洋サケ	筋肉内注射	有
大西洋オヒョウノダウイルス（AHNV）	VHSV-Gタンパク	ターボット	筋肉内注射	有
AHNV	カプシドタンパク	ターボット	筋肉内注射	無
伝染性サケ貧血症（ISAV）	ヘマグルチニン - エステラーゼ	大西洋サケ	筋肉内注射	有
ISAV	核タンパク	大西洋サケ	筋肉内注射	無
アメリカナマズのウイルス病（CCHV）	7遺伝子	アメリカナマズ	筋肉内注射	有
マダイイリドウイルス病（RSIV）	カプシドタンパク	マダイ	筋肉内注射	有
リンホシスチス病（LCDV）	カプシドタンパク	ヒラメ	筋肉内注射	有
細菌性腎臓病（BKD）*Renibacterium salmoninarum*	P57	ニジマス	筋肉内注射	有
ビブリオ病 *Vibrio anguillarum*	OMP 38遺伝子	アジアシーバス *Lates calcarifer*	筋肉内注射	有
ミコバクテリア症 *Mycobacterium marinum*	Ag58A遺伝子	ハイブリッドストライプバス	筋肉内注射	有又は若干
ミコバクテリア症	Ag58A遺伝子	ハイブリッドストライプバス	腹腔内注射	若干
エロモナス症 *Aeromonas veronii*	OMP 38, 48遺伝子	スポッテッドサンドバス	筋肉内注射	若干
ピシリケッチア *Piscirickettsia salmonis*		ギンザケ	筋肉内注射	若干
白点病 *Ichthyophthirius multifiliis*	表面抗原	アメリカナマズ	筋肉内注射	無

Tonheim et al.（2008）のTable 1 を改変

第7章 新しいワクチンの開発動向

困難となる．現在この染色体への取り込みの可能性はほぼないと考えられているが，完全に否定できる充分なデータがなく，この点を克服する必要がある．

　魚類においてもIHNやVHSにおいてDNAワクチンの開発が試みられ，顕著な有効性が実験室レベルで認められている[11, 12]（図7-2）．2005年にカナダにおいて，サケ科魚類のIHNに対するDNAワクチンが承認された（Apex-IHN, Novartis Animal Healthの系列下のAqua Health, Ltd. Canada）．米国における馬のウエストナイル熱に対するDNAワクチン（West Nile-Innovator DNA, Fort Dodge Animal Health）と並び，世界で初めて承認されたDNAワクチンである．IHNに対するDNAワクチンは，現在，カナダのBritish Columbia州の特別に制限された区域において大規模な野外試験が実施されている．懸念されていた宿主細胞内の染色体への組み込みの可能性が何らかの仕組み（企業秘密）により解決できたものと思われる．上述したIHNやVHS以外にも表7-2に示したように，現在多くの病気に対してDNAワクチンの開発が進められている[13, 14]．又，環境や魚類の健康に及ぼす影響についても議論が行われている[15]．

§6．リポソームワクチン

　第3章で述べたように，経口投与法は魚を取り上げる必要がなく，魚に対するストレスや労力の点からも優れた投与法であるが，胃酸や消化酵素により抗原性が失われることが多く一般にワクチンの有効性が低い．ところが最近，有用なドラッグデリバリーシステム（DDS）としてリポソームが注目されている．ウイルスや細菌の膜タンパク質をリポソーム膜内あるいはリポソーム内に封入し，経口的に投与して感染防御効果が認められたとする報告が医学や獣医学分野で報告されている．アレルギー制御の要であるNKT細胞を活性化する因子と無毒化したスギ花粉抗原を封入したリポソームを用いて，免疫寛容を誘導するスギ花粉症治療用「リポソームワクチン」の開発が進められている．又，オリゴマンノース糖鎖で被覆したリポソームに原虫抗原を封入し，家畜の原虫症を予防する試みが行われている．インフルエンザやがんに対するワクチン開発においてもリポソームワクチンが注目されている．

　魚類においても，BSAをリポソームに封入して経口投与したところ腸管からの抗原の取込量や抗体産生が促進されること[16]，穴あき病の原因菌である*Aeromonas salmonicida*の超音波処理抗原においては，攻撃試験では顕著な効果が認められなかったものの抗体価の上昇や症状の軽減が認められたという報告がある[17]．最近，三重大学のグループにより，*Aeromonas hydrophila*[18]やコイヘルペスウイルス病（KHV）[19]抗原導入リポソームワクチンの経口投与により，有意な免疫効果が得られたとする報告がある．なお，これらの報告では，無胃魚であるコイが用いられている．ほとんどの養殖魚種は有胃魚であることから，今後はリポソームワクチンが有胃魚でも有効かどうか検証する必要がある．たとえば，エドワジエラ症の原因菌である*Edwardsiella tarda*不活化菌タンパクを含有するリポソームワクチンをマダイに投与した場合にはワクチンの効果が認められなかったという報告がある[20]．

　リポソーム以外にも，ゼラチン等を材料にしたマイクロカプセルに抗原を包み込んで，腸に到達してから溶け出すように工夫した腸溶性マイクロカプセルを用いた経口ワクチンの開発も試みられている．アユ冷水病ワクチンを腸溶性マクイロカプセルに内包し，5日間の連続経口投与を14日間隔で反復投与した後，初回投与28日後に血中凝集抗体価を調べたところ，すべての個体で抗体価の上昇が認められたという[21]．又，このアユ冷水病ワクチンを経口投与後に生菌を用いて攻撃試験を行った場合，無処理対照群に比べ死亡率が有意に低いことが報告されている[22]．なお，リポソーム粒子やマイクロカプセルは，後述する粘膜ワクチンのキャリアーとしても有望である．

§7. 粘膜ワクチン

　最近ヒトにおいて，体表面（粘膜面）と体内（全身系）両方に免疫を誘導するワクチンとして"粘膜ワクチン"が注目されている．粘膜免疫システムは，呼吸器や消化器において発達しており，このルートを利用した"吸う"あるいは"食べる"ワクチンである[23]．インフルエンザは，ウイルスが鼻腔・咽頭および気管支等の気道の上皮細胞に感染し増殖する．そこで，気道に粘膜免疫において重要な役割を果たす特異的なIgA抗体を誘導し，初感染時におけるウイルスの増殖を阻止・排除すると共に感染の成立を妨げようとするものである[24]．現在，粘膜の上皮細胞にワクチンが取り込まれやすいようにするために，コレラトキシン（CT）や大腸菌易熱性毒素（LT）をアジュバントとした経鼻投与ワクチンの開発が進められている[25]．魚類は全身粘膜で覆われていることから，医学における粘膜ワクチンの開発が魚類ワクチンの開発へ応用することが期待される．

§8. 食物ワクチン

　近年，ロタウイルス，コレラ菌，病原性大腸菌等による消化器系の感染症に対しては，"食べるワクチン"の開発が盛んになりつつある．つまり，ワクチン抗原をジャガイモ，トマト，バナナ，イネ等の植物に発現させて，それを食べるという形で体内に取り込ませ，粘膜免疫系さらには全身免疫系を活性化させようという試みである．ジャガイモにHBs抗原，コレラ菌のCT-B等を発現させ，それらをマウスに食べさせると抗原特異的な免疫応答が誘導されることや感染防御効果が認められることが報告されている[26]．但し，これはトランスジェニック植物を食べることになり，社会的なコンセンサスを得るにはまだ時間がかかると思われる．なお，魚類では第14章で述べるように，鶏卵抗体の経口投与例があるが，ワクチン抗原を植物に発現させて投与した例は知られていない．

　　　　　　　　　　　　　　　　　　　　　　　　　　　　　　　（中西照幸・乙竹　充）

文　献

1) Xu L, DV. Mourich, HM Engelking, S. Ristow, J Arnzen , JC. Leong (1991)：Epitope mapping and characterization of the infectious hematopoietic necrosis virus glycoprotein, using fusion proteins synthesized in *Escherichia coli. J. Virol.*, **65**, 1611-1615.

2) Leong J C., J. L. Fryer (1993)：Viral vaccines for aquaculture. *Annual Review of Fish Diseases*, **3**, 225-240.

3) Munn C. B. (1994)：The use of recombinant DNA technology in the development of fish vaccines. *Fish & Shellfish Immunol.*, **4**, 459-473.

4) Wilhelm, V., A. Miquel, L. O. Burzio, M. Rosemblatt, E. Engel, S. Valenzuela, G. Parada, P. D. T. Valenzuela (2006)：A vaccine against the salmonid pathogen *Piscirickettsia salmonis* based on recombinant proteins. *Vaccine*, **24**, 5083-5091.

5) Noonan B, Enzmann PJ, Trust TJ. (1995)：Recombinant infectious hematopoietic necrosis virus and viral hemorrhagic septicemia virus glycoprotein epitopes expressed in *Aeromonas salmonicida* induce protective immunity in rainbow trout (*Oncorhynchus mykiss*). *Appl Environ Microbiol.*, **61**, 3586-3591.

6) Vaughan LM, PR Smith, TJ. Foster (1993)：An aromatic-dependent mutant of the fish pathogen *Aeromonas salmonicida* is attenuated in fish and is effective as a live vaccine against the salmonid disease furunculosis. *Infect Immun.*, **61**, 2172-2181.

7) Vivas J, J Riaño, B Carracedo, BE Razquin , P López-Fierro, G Naharro , AJ. Villena (2004)：The auxotrophic aroA mutant of *Aeromonas hydrophila* as a live attenuated vaccine against *A. salmonicida* infections in rainbow trout (*Oncorhynchus mykiss*). *Fish Shellfish Immunol.* **16**, 193-206.

8) Temprano A, J Riaño, J Yugueros, P González, L de Castro, A Villena , JM Luengo, G. Naharro (2005)：Potential use of a *Yersinia ruckeri* O1 auxotrophic aroA mutant as a live attenuated vaccine. *J. Fish Dis.* **28**, 419-427.

9) Emmenegger E, M Landolt, S LaPatra, JR. Winton (1997)：Immunogenicity of synthetic peptides representing antigenic determinants on the infectious hematopoietic necrosis virus glycoprotein. *Dis. Aquat. Org.*, **28**, 175-184.

10) Dijkstra JM, H. Okamoto, M. Ototake, T. Nakanishi (2001): Luciferase expression 2 years after DNA injection in glass catfish (*Kryptopterus bicirrhus*) *Fish & Shellfish Immunol.*, **11**, 199-202.
11) Anderson, E. D., D. V. Mourich, S. C. Fahrenkrug, S. LaPatra, J. Shepherd, J. A. Leong (1996): Genetic immunization of rainbow trout (*Oncorhynchus mykiss*) against infectious hematopoietic necrosis virus. *Mol. Marine Biol. and Biotechnol.*, **5**, 114-122.
12) Heppell, J., N. Lorenzen, N. K. Armstrong, T. Wu, E. Lorenzen, K. Einer-Jensen et al. (1998): Development of DNA vaccines for fish: vector design, intramuscular injection and antigen expression using viral haemorrhagic septicaemia virus genes as model. *Fish & Shellfish Immunol.*, **8**, 271-286.
13) Tonheim, T.C., J. Bøgwalda, R. A. Dalmo (2008): What happens to the DNA vaccine in fish? A review of current knowledge *Fish & Shellfish Immunol.*, **25**, 1-18
14) Heppell, J., H. L. Davis (2000): Application of DNA vaccine technology to aquaculture. *Advanced Drug Delivery Reviews*, **43**, 29-43.
15) Gillund, F., R. Dalmo, T. C. Tonheim, T. Seternes, A. I. Myhr (2008): DNA vaccination in aquaculture-Expert judgments of impacts on environment and fish health. *Aquaculture*, **284**, 25-34.
16) Irie, T., S. Watarai, H. Kodama (2003): Humoral immune response of carp (*Cyprinus carpio*) induced by oral immunization with liposome-entrapped antigen. *Dev. Com. Immunol.*, **27**, 413-421.
17) Irie T, S Watarai, T Iwasaki, H. Kodama (2005): Protection against experimental *Aeromonas salmonicida* infection in carp by oral immunisation with bacterial antigen entrapped liposomes. *Fish Shellfish Immunol.*, **18**, 235-242.
18) 安本信哉・吉村哲郎・宮崎照雄 (2006): *Aeromonas hydrophila* 抗原導入リポソームワクチンを用いたコイの経口免疫, 魚病研究, **41**, 45-49.
19) 安本信哉・葛谷佳孝・安田雅大・吉村哲郎・宮崎照雄 (2006): コイヘルペスウイルス (KHV) 抗原導入リポソームワクチンによる経口免疫効果, 魚病研究, **41**, 141-145.
20) 田中真二・羽生和弘 (2006): 魚類養殖試験 (マダイのエドワジエラ症対策). 三重研水産研究所平成17年度事業報告, 118-119.
21) 原 日出夫 (2003): アユの冷水病に対する経口ワクチンの研究-Ⅱワクチン内包腸溶性マイクロカプセルの投与方法について, 神奈川県水産総合研究所研究報告, **8**, 17-20.
22) 原 日出夫 (2004): アユの冷水病に対する経口ワクチンの研究-Ⅲアユ冷水病ワクチン内包腸溶性マイクロカプセルに対する水溶性アジュバントの添加. 神奈川県水産総合研究所研究報告, **9**, 65-68.
23) 野地智法・清野 宏 (2007): 次世代経口ワクチンによる粘膜感染症予防法の開発, 増刊号特集「粘膜免疫からの感染と免疫応答機構」, 実験医学, **25**, 163-169.
24) 吉田玲子・高田礼人 (2007): インフルエンザに対する感染防御免疫, 粘膜免疫からの感染と免疫応答機構, 実験医学, **25**, 98-104.
25) 田村慎一・倉田 毅 (1999): 新しいインフルエンザワクチンの考え方, ワクチン最前線Ⅲ (高橋理明・神谷 齊編), 医薬ジャーナル社, p.131-142.
26) 清野 宏 (1999): 粘膜免疫を見すえた次世代ワクチン開発へ向けての最近の動向, ワクチン最前線Ⅲ (高橋理明・神谷 齊編), 医薬ジャーナル社, p.106-119.

第8章 市販ワクチン開発の経緯

§1. ビブリオ病ワクチン開発の経緯

1-1 研究開発の経緯

1973年のアユのビブリオ病の被害に苦慮した一部養殖業者が，豚の下痢症の治療薬である「トリオプリン」を投与したところ，多剤耐性菌によるビブリオ病を完全に治療できたことが契機となり，本来とは使用種の違う使い方が瞬く間に拡大し，動物薬事行政上の大きな問題となった．共立製薬（旧共立商事）（以下当社）は，効能を有しないアユにおける違法な使用に対し，動物用医薬品メーカーとしての社会的な責任から，水産用医薬品の研究開発に着手した．このことが，当社が水産用医薬品開発研究の取り組む端緒となった．

ワクチン実用化前の魚病被害は，ブリをはじめとする養殖魚の養殖生産額の約8％程度を占めていた．その対策として抗生物質・合成抗菌剤の投与が日常的に行われた結果，生産された魚肉中に抗生物質等が残留するという事態が発生し，一部のマスコミでは「薬漬け養殖」とまで報道された．我が国は魚食民族であること，沿岸における漁業活動の停滞から水産養殖業は将来的には有望な産業であるとの判断から，「残留」の問題がないワクチンを水産養殖現場で実用化することを目的として，1979年4月に当プロジェクト専門の新卒者を採用し，魚病ワクチン開発プロジェクトを発足した．

当社にとって，水産は未知の分野であった．中央研究所の一部に循環式ろ過水槽を設置して，実験魚の確保をはじめ，ワクチンの効果を実証するための攻撃試験法の確立等，手さぐりの連続であった．魚病ワクチン開発研究プロジェクトが発足後約10年でやっと商品化にこぎつけた．そして研究開発努力と着実に研究成果を積み上げたことで，学会からの評価も得られるようになり，水産用ワクチンメーカーとして業界内でも認知されるようになった．

以下に，当社が実用化した4種の水産用ワクチンとその製造承認年月日等を示した．

1) ニジマスのビブリオ病関係
   a. にじますのビブリオ病不活化ワクチン「ピシバック VA ニジマス」
      （1988年8月15日輸入承認）
   b. にじますのビブリオ病不活化ワクチン「ピシバック VA にじます」
      （1988年12月8日製造承認）
      （1992年4月4日製造承認事項変更承認（2g以上のニジマス→1g以上のサケ科魚類））
   c. さけ科魚類のビブリオ病不活化ワクチン「ピシバック ビブリオ」
      （1992年11月27日製造承認（名称の変更））
2) アユのビブリオ病関係（（社）動物用生物学的製剤協会（動生協）魚病委員会（化血研・北里研・日生研・京都微研・共立製薬）の共同開発：水産庁委託研究）
   a. あゆのビブリオ病不活化ワクチン「ピシバック VA アユ」
      （1988年8月15日製造承認）
      （1992年4月4日製造承認事項変更承認（低濃度長時間浸漬法の追加））

1-2 開発研究体制

1) ニジマスのビブリオ病不活化ワクチン

水産用ワクチン開発研究プロジェクトは当社の研究開発の拠点である中央研究所の製剤部開発二課の魚病・細菌研究室に始まった．その後の組織の改変や名称の変更に伴い，所属する部門等の変更はあったが，現在，先端技術開発センター研究開発一部に研究開発3課として，新たな水産ワクチンの実用化を目的として開発を継続している．

2) アユのビブリオ病不活化ワクチン

1976年以前からアユのビブリオ病ワクチンに関して基礎的な研究が行われてきた．水産庁は，アユのビブリオ病不活化ワクチンについて実用化事業を開始，魚病委員会として開発研究体制を一本化し，研究開発を開始した．魚病委員会の構成は化学及血清療法研究所，北里研究所，共立製薬株式会社，日生研株式会社，微生物化学研究所の5機関である．魚病委員会はワクチンの研究開発を行うとともに，全国湖沼河川養殖研究会に設けられたアユのビブリオ病研究部会と連携し，ワクチンの安全性，有効性について検討を加えてきた．そして，1982年，水産庁長官通達に基づく基礎試験を終了し，1983年には研究機関による野外試験を，1984年には養殖場における野外試験を終了した．1986年8月に魚病委員会の5機関が共同で製造承認申請し，1988年8月15日に我が国最初の「水産用ワクチンあゆのビブリオ病不活化ワクチン」の製造が承認され，1989年5月から実用化された．

1-3 開発研究

1) さけ科魚類のビブリオ病不活化ワクチン「ピシバック　ビブリオ」

我が国のサケ科魚類のビブリオ病原因菌については，1957年に保科利一により養殖ニジマスの流行例から$Vibrio\ anguillarum$が分離同定され，これが我が国における魚類の最初のビブリオ病の報告となった．その後の研究によって，各地で流行したニジマスのビブリオ病について，病魚由来のすべての分離菌は，保科が報告した菌株とは明らかに血清型の異なる$Vibrio$ sp.であることが報告された．又，当社が，1984年に静岡，岐阜および大分県下の養殖場で流行したニジマスのビブリオ病の原因菌について検査したところ，$Vibrio\ anguillarum$および$Vibrio$ sp.の血清型の異なる2種類のビブリオ病が発生していることを確認した．

米国のサケ科魚類のビブリオ病原因菌については，1976年にHarrellらにより，$Vibrio\ anguillarum$と$Vibrio$ sp.の血清型の異なる2種類が明らかにされていた．そこで当社は，米国で市販されているサケ科魚類の浸漬用ビブリオ病不活化ワクチンおよびその製造用菌株の分与を受け，我が国のサケ科魚類のビブリオ病原因菌の代表株との関係について検討した結果，製造用菌株2株はそれぞれ我が国のニジマスのビブリオ病原因菌とその性状が一致し，ワクチンにニジマスを浸漬することにより，高い安全性と我が国分離の強毒株に対する防御能を有することを実証した．又，野外においてもワクチンの安全性および有効性が確認されたことから，農林水産省に対して輸入承認申請を行い，1988年8月に我が国最初の水産用ワクチンとして，サケ科魚類ビブリオ病不活化ワクチンが輸入承認された．その後，当社の製造設備と体制が整ったので，国内への安定供給実現化のために，輸入承認を製造承認に切り替える申請を行い，同年12月に承認された．更に，適応魚種をニジマスからサケ科魚類に拡大し1992年4月に承認された．

2) あゆのビブリオ病不活化ワクチン「ピシバック VA アユ」

アユビブリオ病はグラム陰性の運動性短桿菌$Vibrio\ anguillarum$血清型A型（J-O-1型）によって起こるアユの細菌感染症であり，通常感染3～5日後から死亡が認められる．アユは地下水等を用いた流水式水槽，飼育水温15～25℃で周年養殖されることから，本病の発生は年間を通じてみ

られる．特に飼育水温が上昇する6～11月に多発する．その後の研究によると，血清型については淡水飼育ではA型（J-O-1型）が，海水飼育ではC型（J-O-3型）が多いが，アユ養殖は淡水飼育が多いことからA型の感染が主体となっている．本病の対策としては主に抗生物質・合成抗菌剤による化学療法が行われていた．しかし，投薬後数日で再発を繰り返すことや薬剤耐性菌が出現することなどから，ワクチンの開発が切望されていた．

アユのビブリオ病ワクチンに関して基礎的な研究が本格化したのは，水産庁が（社）動物用生物学的製剤協会にワクチン開発研究を委託した1978年にさかのぼる．同協会内に前述の魚病委員会が設けられ，ビブリオ病の不活化ワクチンの開発研究を開始した．当社のニジマスのビブリオ病ワクチン開発研究で蓄積した感染技術を駆使し，都道府県水産試験場等の協力を得て，ワクチンの安全性，有効性についての検討が行われた．その結果，1982年水産庁長官通達に基づく基礎的試験を終了，1983年研究機関による野外試験，1984年には養殖場における野外試験を終了，有効性と安全性が確認され，1986年8月に魚病委員会に参加した5所社が共同で製造承認申請を行い，1988年8月に我が国最初の水産用ワクチンとして，あゆのビブリオ病不活化ワクチンの製造が承認され，当社では1989年5月から市場への出荷を開始した．

発売当初は，10倍に希釈したワクチン液にアユをたも網で取り上げて2分間浸漬する方法が用いられた．しかしワクチン投与にかかる労力とアユ稚魚へのストレス負荷の可能性からワクチン投与の対象魚の体重が3g以上に制限されていたこと等が本ワクチンの普及を妨げていた．そこで，魚病委員会5所社により従来法より低濃度のワクチンに長時間浸漬する低長法を開発し，1992年4月に追加承認され現在に至っている．養殖場におけるビブリオ病の発生がほとんどみられなくなったことからも，ビブリオ病不活化ワクチンの効果は絶大であったということができる．

1-4 効果（経済効果）

1）ニジマスのビブリオ病

1g以上のサケ科魚類をビワクチン処理することにより，ビブリオ病を出荷まで完全に予防することができるため，全国のニジマスビブリオ病被害額約2億円が1/10の2千万円まで軽減した．

2）アユのビブリオ病

低長法の承認後，ワクチンの使用が急速に普及した．当社の「ピシパック VA アユ」の出荷量から推定して，全国のアユ種苗の約35％に当たる5,000万尾に接種されたことになる．ビブリオ病発生は年々低下し，現在では全くみられなくなったといっても過言ではない．

ワクチンが実用化されたことによって，当該病気の発生頻度が低下したばかりでなく，合成抗菌剤等に要する経費が削減されたほか，養殖生産物への残留の心配もなくなった．水産用ワクチンは治療から予防へと魚病対策の新しい時代を拓く衛生資材として，養殖業界がその研究開発に期待するところは大きい．

1-5 ビブリオ病"再感染"へのアプローチ

ニジマスの養殖現場において，ビブリオ病が発生した後の生残ニジマス群は，その後ビブリオ病の発病を繰り返す傾向にあることが以前から経験的に知られている（図8-1）．一方で，1987年にThorburnらにより，実験感染後の生残ニジマス群が，ビブリオ病ワクチンで免疫した群よりもかなり劣るものの，防御能を獲得していることが報告されている．これらの一見，矛盾する現象について，ニジマスをビブリオ菌に感染させ，検出菌濃度および検出率ともに最も高い血液（表8-1）に着目し，血中菌検出率（血液から感染菌が回収された尾数を供試尾数で割った百分率で，群ごとの最も高い値）と累積死亡率との関係を調べるとともに，更に防御能獲得の程度について本ワクチンの防御能と比較検討した．

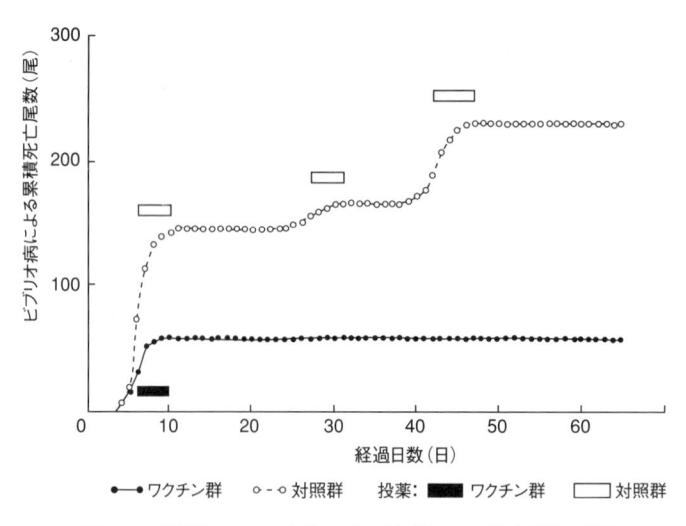

図 8-1 養殖場におけるビブリオ病自然感染による死亡尾数の推移

表 8-1 *Vibrio anguillarum* NCMB 571株 5.3Log CFU/ml・20分間浸漬感染ニジマスにおける感染菌の体内分布

組織	感染後日数										
	1	2	3	4	5	6	7	8	9	10	14
血液	3.7*	4.7	4.4	4.8	—	—	—	—	—	—	—
	3.2	4.0	4.0	3.7	—	—	—	—	—	—	—
	2.9	3.7	—	—	—	—	—	—	—	—	—
	—	3.5	—	—	—	—	—	—	—	—	—
皮膚	3.3	3.2	3.3	4.2	—	—	—	—	—	—	—
	3.1	3.0	—	—	—	—	—	—	—	—	—
	3.0	2.5	—	—	—	—	—	—	—	—	—
	—	—	—	—	—	—	—	—	—	—	—
鰓	2.7	4.7	4.0	4.6	2.3	2.6	2.3	2.3	—	—	—
	—	—	—	—	—	2.3	2.3	—	—	—	—
	—	—	—	—	—	—	—	—	—	—	—
	—	—	—	—	—	—	—	—	—	—	—
脾臓	—	5.4	5.3	3.8	—	—	—	—	—	—	—
	—	—	—	—	—	—	—	—	—	—	—
	—	—	—	—	—	—	—	—	—	—	—
	—	—	—	—	—	—	—	—	—	—	—
腸管	—	4.4	—	4.4	—	—	—	—	—	—	—
	—	—	—	—	—	—	—	—	—	—	—
	—	—	—	—	—	—	—	—	—	—	—
	—	—	—	—	—	—	—	—	—	—	—

—：2.3 Log CFU/g未満
* Log CFU/g

平均体重9.4 gのニジマス稚魚を用い，地下水を飼育水とし，水温15～17℃の流水中に飼育した．感染および攻撃は*Vibrio anguillarum*NCMB 571株（血清型J-O-3）で培養菌液に供試魚を浸漬して行った．各種濃度の菌液に供試魚をそれぞれ同時に浸漬し，各種濃度菌液について1群10尾ずつ計7群を7水槽に分養し，経時的（感染直後，感染後1，2，3，5，7および10日）に血中菌濃度

を測定し菌検出率を測定した．同様に，その他の1群25尾について14日間死亡を観察し累積死亡率を確認した．更に，感染後21日の軽度感染耐過群（累積死亡率29.2%）および重度感染耐過群（累積死亡率89%）それぞれを，ワクチン投与後21日の陽性対照（ワクチン）群および無処置対照群とともに攻撃し，生残率を算出して防御能の比較を行った．

これらの結果から，感染後の血中菌検出率が100%に達する時の累積死亡率は約80%以上であり（表8-2），そのような状況下の感染耐過群はワクチン投与された魚と同様に，充分な防御能を獲得する（表8-3）ことが判明した．

表8-2 *Vibrio anguillarum* NCMB 571 株感染群の累積死亡率と血中菌検出率

感染菌濃度 (LogCFU/ml)	累積死亡率 (%)	血中菌検出率* (%)
5.2	48	30
5.3	56	70
5.6	84	100
5.9	92	100
6.9	96	100

* 血液から感染菌が回収された尾数を供試尾数で割った百分率で，群ごとの最も高い値

表8-3 *Vibrio anguillarum* NCMB 571 株の異なる累積死亡率の感染耐過群の防御能比較

攻撃菌濃度 (LogCFU/ml)	群	血中菌検出率[*1] (%)	生残率 (%)
5.2	軽度感染耐過 (累積死亡率29.2%)	0[*2]	84
	陽性対照 (ワクチン)	0	100
	無処置対照	30	52
5.9	重度感染耐過 (累積死亡率80.9%)	0	100
	陽性対照 (ワクチン)	0	100
	無処置対照	100	8

[*1] 血液から感染菌が回収された尾数を供試尾数で割った百分率で，群ごとの最も高い値
[*2] 10 CFU/ml未満

以上から，養殖現場では，1回目のビブリオ病の自然感染による累積死亡率はかなり低く，防御能獲得に充分な抗原刺激を受けることなく未感染のまま経過した魚が次々に発病することにより，個体レベルではなく，群として発病を繰り返すものと推察された．

従って，養殖現場のビブリオ病を充分に防ぐためには，ワクチン投与は不可欠である．

(小松 功)

§2．レンサ球菌症ワクチン開発の経緯

2-1 研究開発の経緯

官民一体となって完成した我が国初の魚病ワクチンであるアユおよびニジマスのビブリオ病浸漬ワクチンが1988年に実用化されたのを契機に，これまでの抗生物質・合成抗菌剤による化学療法一辺倒の考え方から，ブリをはじめとする海産養殖魚に対してもワクチンによる予防を要望する声が一段と強くなってきた．ブリのα溶血性連鎖球菌症（ラクトコッカス症，*Lactococcus* garvieae感染症）に対するワクチンについては，それまでほとんど検討されておらず，1982年の飯田らによるホルマリン不活化洗浄菌体の予防効果の報告をみるのみであった．当社はブリから分離し作出したKS-7M株をもとに，ワクチン化に取り組んだ．そのホルマリン不活化抗原は腹腔内注射でも，浸漬でも，経口投与でも感染防御効果が認められた（図8-2）．ワクチン投与時のハンドリングによるストレスを避けるため経口ワクチンを1997年1月に実用化し，次に，最も防御効果の高い腹腔内注射ワクチンを2000年5月に多価ワクチンとして実用化した．

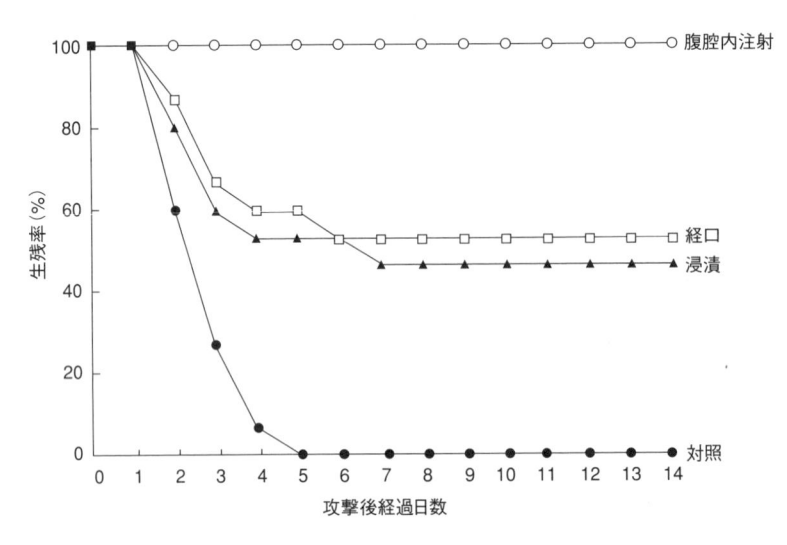

図8-2 不活化抗原投与ルート別による攻撃後の生存率の推移
　　　飼育海水温　25.4〜27.3℃　飼育海水比重 σ＝22.2〜22.9
　　　攻撃菌濃度　1.4×10^{3}CFU/尾　腹腔内注射

　筆者の魚類飼育の趣味が発端で完成し，普及を図った共立製薬オリジナルの海水魚循環ろ過攻撃実験水槽（アース（株））は，我が国の魚病ワクチン開発上，必須で定番になったと自負している．
　以下に，当社が新に海産魚に実用化したブリ又はブリ属の4種の水産用ワクチンとその製造承認年月日等を示した．
(1) ブリのα溶血性連鎖球菌症
　　a．ぶり（ぶり属魚類）のα溶血性レンサ球菌症不活化ワクチン「ピシバック　レンサ」
　　　（1997年1月8日製造承認）
　　　（2000年6月5日製造承認事項変更承認（体重100〜300g→100〜400g））
　　　（2002年12月26日製造承認事項変更承認（製造株学名変更，B申請））
　　　（2003年4月3日製造承認事項変更承認（B/S申請））
(2) ブリのビブリオ病とα溶血性連鎖球菌症
　　a．ぶり（ぶり属魚類）のα溶血性レンサ球菌症およびビブリオ病不活化ワクチン（2種混合ワクチン）「ピシバック 注 ビブリオ＋レンサ」
　　　（2000年5月31日製造承認）
　　　（2000年6月5日製造承認事項変更承認（有効期間15カ月→24カ月））
　　　（2002年12月26日製造承認事項変更承認
　　　（製造株学名変更，B申請，投与体重30〜150g→30g〜約2kg，菌否定試験追加））
　　　（2003年4月3日製造承認事項変更承認（B/S申請））
(3) ブリのマダイイリドウイルス病，ビブリオ病およびα溶血性連鎖球菌症

a．ぶり属魚類のイリドウイルス感染症，ビブリオ病およびα溶血性レンサ球菌症不活化ワクチン（3種混合ワクチン）「ピシバック 注 3混」

（2004年4月23日製造承認）

（2005年10月24日製造承認事項変更承認

（対象魚ブリ→ブリ属魚類，体重15～120g→10～860g，有効期間1年3カ月→2年間））

2-2　開発研究体制

　水産用ワクチン開発研究プロジェクトは当社の研究開発の拠点である中央研究所の製剤部開発二課の魚病・細菌研究室に始まり，その後の組織の改変や名称の変更に伴い，所属する部門等の変更はあったが，現在，先端技術開発センター研究開発一部に研究開発3課として，新たな水産ワクチンの実用化を目的として開発を継続している．

2-3　開発研究

1）ぶり（ぶり属魚類）のα溶血性レンサ球菌症不活化ワクチン「ピシバック レンサ」

　国内最大の魚類養殖業であるブリ養殖の魚病被害は生産量の約10％に達し，なかでもα溶血性連鎖球菌症は病害全体の半分以上を占め，ブリ養殖における最大の障害となっている．本症の原因菌は，1976年に楠田らにより，眼球突出および鰓蓋内側の発赤を伴う高い死亡率を特徴とする新しい病気としていわゆる腸球菌に属する *Streptococcus faecalis* および *S. faecium* に近縁な *Streptococcus* sp.として分離同定された．楠田らは，その後1991年に新種名として *Enterococcus seriolicida* と命名した．ブリの連鎖球菌症にはβ溶血性の連鎖球菌症の報告もあるが，ほとんどはα溶血性と考えられている．共同研究者の一人である小松らがブリ養殖の主産県である和歌山，山口，香川，高知，愛媛，宮崎および鹿児島県の計7県より1989年および1990年の野外分離株の分与を受け検査した結果，すべてα溶血性の *E. seriolicida* であった．

　当社はブリから分離し作出したKS-7M株をもとに，ワクチン化に取り組んだ結果，経口用不活化ワクチンの実用化に成功し，実験室内においてブリに対する本ワクチンの安全性および有効性が確認された．又，和歌山，愛媛および鹿児島県の水産試験場等による野外臨床試験においても，安全性および有効性が確認されたことから，農林水産省に対して製造承認申請し，1997年1月に承認された．

2）ぶり（ぶり属魚類）のα溶血性レンサ球菌症およびビブリオ病不活化ワクチン
　　「ピシバック 注 ビブリオ＋レンサ」

　ブリのJ-O-3型によるビブリオ病は，ブリ1歳魚の養殖開始時期の5～6月に発生し，多大な被害を与えている．本病原菌は海産稚アユ，海水で飼育されているギンザケ，ブリ，カンパチ等からの分離報告があり，広く海水域に蔓延しており，本病の発生には抗菌性物質製剤を飼料に混ぜ経口投与して治療を行うことが一般的である．

　ブリのα溶血性連鎖球菌症は，水温の低下とともに病勢は減衰するが，1～3月の低水温期においても養殖場によっては発生が確認され，眼球突出と鰓蓋内側の出血を特徴とするブリ養殖において最も被害の大きな伝染病である．本症の発生に対し，マクロライド系抗生物質を経口投与して治療を行うことが一般的であったが，1997年1月に当社による経口投与ワクチンが製造承認され，ブリ養殖場における使用が開始された．この経口投与ワクチンは飼料に混ぜて投与するため，ワクチン投与を簡単に行うことが可能となった．

　一方，ヨーロッパの大西洋サケ養殖において，ビブリオ病，冷水性ビブリオ病，レッドマウス病およびせっそう病のアジュバント入り注射用多価ワクチンが実用化されており，その効果は広く認められている．これらの注射用ワクチンは大西洋サケ養殖場において発生していた各種病気に

対して免疫効果が高く，免疫持続期間も長期間にわたることが確認されており，一般的な水産用ワクチン投与法として実用化されている．

そこで，当社は国内で，既に経口用として実用化されているぶりのα溶血性レンサ球菌症ワクチンと浸漬用としてサケ・マスに実用化されているJ-O-3型ビブリオ病ワクチンの研究開発の実績を有することから，これらの種類のワクチンを混合して2種混合不活化ワクチンを試作し，ブリに注射投与により応用したところ，α溶血性連鎖球菌症およびJ-O-3型ビブリオ病に対する高い防御効果を認めることができた．又，ブリに対する本ワクチンの安全性および有効性が確認され，更に，野外においても本ワクチンの安全性および有効性が確認されたことから，我が国では初めて2種混合不活化注射ワクチンの製造承認を申請し，2000年5月に承認された．

3）ぶり（ぶり属魚類）のイリドウイルス感染症，ビブリオ病およびα溶血性レンサ球菌症不活化ワクチン「ピシバック　注　3混」

ブリ養殖における主要な伝染病は，モジャコ導入直後，J-O-3型ビブリオ病が，水温が22〜23℃に上昇時の類結節症，7〜9月の高水温時の，マダイイリドウイルス病およびα溶血性連鎖球菌症である．

ブリのJ-O-3型ビブリオ病は，ブリ1歳魚の養殖開始時期の5〜6月に主に発生する細菌病である．ブリのα溶血性連鎖球菌症は，1歳魚では8〜9月の高水温時期に発生し，水温の低下とともに病勢は減衰するが，養殖場によっては年を越した1〜3月の低水温期においても発生が確認され，2歳魚においては周年発生する細菌病である．ブリのマダイイリドウイルス病は1歳魚の7〜9月の高水温時に発生するウイルス病である．

ブリの感染症用のワクチンについてはα溶血性レンサ球菌症用経口あるいは注射，J-O-3型ビブリオ病・α溶血性連鎖球菌症混合注射，イリドウイルス感染症注射ワクチンがそれぞれ販売されており，これらのワクチンは通常，養殖開始後の6〜7月に投与される．ブリのJ-O-3型ビブリオ病とα溶血性連鎖球菌症の混合ワクチンは販売されているが，これら2種類の病気とマダイイリドウイルス病を予防するためには，2種混合ワクチンを注射後，更にイリドウイルス感染症ワクチンを注射しなければならない．養殖ブリは網いけすの中で育成するため，これらのブリをいけすから取り上げて個体別にワクチンを注射することは大変な労力を必要とする．従って，これら3種類の病気の予防にはブリを2回取り上げてワクチンを注射しなければならないため，1回の注射で予防可能なワクチンの開発を養殖現場より切望された．

要望にこたえるため，当社は，J-O-3型ビブリオ病，α溶血性連鎖球菌症およびイリドウイルス感染症の3種混合ワクチンの開発を開始し，3種混合試作ワクチンを製造した．本試作ワクチンについて実験室内での安全性および有効性と野外における安全性および有効性について検討し，安全性および有効性を確認した．

以上の経緯により，本3種混合ワクチンの動物用医薬品製造承認を申請し，2004年4月に承認された．

2-4　効果（経済効果）

ブリのα溶血性連鎖球菌症については，ぶりのα溶血性レンサ球菌症不活化ワクチン「ピシバック　レンサ」の経口投与の普及により，エリスロマイシンを中心とするマクロライド系の抗生物質の養殖現場での使用金額約30億円が30分の1の1億円弱に低下した．

ワクチンが実用化されたことによって，当該病気の発生頻度が低下したばかりでなく，合成抗菌剤等に要する経費が削減されたほか，養殖生産物への薬物残留の心配もなくなり，水産用ワクチンは治療から予防へと魚病対策の新しい時代を拓く衛生資材として，養殖業界がその研究開発

に期待するところは大きい． (小松　功)

§3．イリドウイルス感染症不活化ワクチン

マダイイリドウイルス病は，1990年に四国の養殖場においてマダイの大量死亡をもたらして以来年々感染魚種を拡大し，多くの海産養殖魚に多大な産業的被害を及ぼしている．

本病に対して，防疫の観点から水産庁養殖研究所（現，（独）水産総合研究センター養殖研究所）において有効な診断方法が開発され，養殖現場における早期診断を可能とし，その流行防止対策および伝播様式の解析に大きく寄与した．又感染予防についてもワクチンを中心とした基礎的研究が進められ，その実用化が望まれてきた．

（財）阪大微生物病研究会（以下当会）はワクチンの実用化に向けての応用研究を行い，本病に対する世界初のワクチンであり，かつ水産用ワクチンとしては日本で最初の注射用ワクチンである「イリドウイルス感染症不活化ワクチン」の製造承認を1998年に農林水産省より取得した．

本節ではマダイイリドウイルス病について簡単に概説し，発売以来広く使用され本病気に対し高い予防効果が認められている「イリドウイルス感染症不活化ワクチン」の開発の経緯並びに特徴や注意点などについて紹介する．

3-1　マダイイリドウイルス病

マダイイリドウイルス病の流行は夏から秋にかけての高水温期に，西日本を中心に認められる．病魚の外観は体色の黒化や貧血による鰓の褪色が見られ，緩慢な遊泳状態を呈する．開腹すると脾臓の肥大化が確認され，病理組織学的には脾臓組織において健常魚には見られない異形肥大細胞が検出される[1]．

病原体のマダイイリドウイルス粒子は，直径200～240nm，感染細胞内での電子顕微鏡観察を行うと，鉛筆を輪切りにしたような六角形を呈し，芯に当たる中心部には電子密度の高いコアが観察される（図8-3）．マダイイリドウイルスEhime-1株のゲノムは，直鎖状2本鎖DNAであり，全塩基配列が決定されている[2]．

本感染症の診断方法としては，簡易診断として，ギムザ染色等による脾臓組織の異形肥大細胞の検出，又確定診断として，モノクローナル抗体を用いた間接蛍光抗体法[3,4]や本ウイルスに特異的なプライマーを用いたPCR法[5,6]が用いられている．

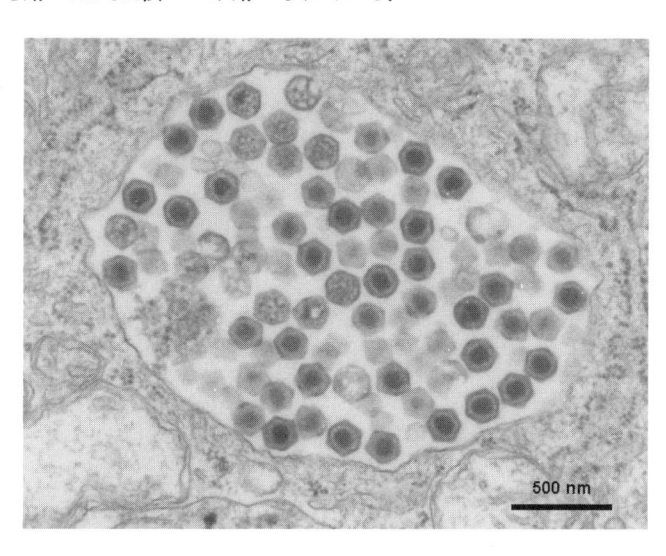

図8-3　マダイイリドウイルスの電子顕微鏡写真

3-2 「イリドウイルス感染症不活化ワクチン」の開発の経緯

マダイイリドウイルス病に関する基礎的研究は，この病気が報告された当初から水産庁養殖研究所病理部において開始され，病理組織学およびウイルス学的解析並びに分離ウイルスを用いた感染実験成績から原因ウイルスが同定された[1]．当会は1995年から水産庁養殖研究所病理部との交流共同研究を開始し，実験室内での感染実験を中心にワクチンの実用化に向けて研究開発を進め，実験室内での有効性および安全性を確認した．そして更に夏～秋にかけての高水温期に野外応用試験と，魚への安全性を調査するため，GLP適用試験*（資料7参照）を実施した．

1）ワクチンの作製方法

一般に不活化ワクチンと呼ばれるものは，病気を引き起こす病原体を原材料にして，病原体が持っている毒素あるいは病原体自身を何らかの方法によりその毒性や増殖能力を完全になくした（不活化）ものにより構成される．

本ワクチンの作製方法は，マダイ病魚の脾臓より分離されたマダイイリドウイルスEhime-1株をイサキの鰭に由来する細胞（GF細胞）に感染させる．感染後ウイルスは次々にその細胞の中で大量に増殖し培養上清中に放出される．一定レベル以上にウイルスが増殖した後，感染細胞を除きウイルス液とする．次にそのウイルス液にホルマリンを加えることにより，ウイルスの増殖能力（感染力）を完全に消失させ，一方ではワクチンとして重要な部分をそのまま保持した不活化ウイルス液（ワクチン）を調製する．

このようにして作製されたワクチンは注射により魚体内に投与される．その予防効果については，室内実験および野外応用試験により有効性が充分に評価されている．

2）有効性実験

室内実験では，ワクチンをマダイの腹腔内あるいは筋肉内に0.1ml接種し，10日後マダイイリドウイルスで攻撃して，2週間経時的に死亡数を観察した．その結果，ワクチン未接種群はウイルスによる高い死亡率を示したのに対し，ワクチンを接種した群は非常に低い死亡率を示した．このことから本ワクチンはマダイイリドウイルスの感染に対し高い感染防御能を有していることが確認された．

一方，野外応用試験では実際の養殖現場を想定し自然環境下におけるワクチンの有効性の評価を行った[7]．ワクチン接種群は，接種後，野外の養殖いけすで飼育し12週間観察した．なお，未接種（対照）群は，接種群のいけすに隣接して設定した．未接種群の死亡は水温の上昇と共に増加し，6～7週目でピークを示したが，ワクチン接種群ではそれよりやや遅れて水温のピークにあわせて8週目でピークを示した（図8-4）．試験期間中の累積死亡率は未接種群68.5％に対し，接種群では19.2％を示し，有意な差が認められた（図8-5）．更にワクチン接種6週後の平均魚体重は，未接種群が30.8gに対して接種群では35.6g，又12週後では未接種群が63.6gに対し接種群は66.4gといずれも有意な差が認められた（表8-4）．以上の実験から，本ワクチンは野外の養殖現場においてもマダイイリドウイルス病に対し十分な有効性を有し，かつ，マダイの成長においても良好な効果をもたらすことが確認された．

3）安全性実験

本ワクチンの魚における安全性を詳細に検討するために，マダイを用いたGLP適用試験を実施した．常用量（0.1ml）および高用量（0.5ml）を腹腔内に投与した後，一般状態，体重，体長，

---

* GLP適用試験：法律に基づいた「動物用医薬品の動物試験の実施に関する基準」（Good Laboratory Practice）に従って行う安全性に関する試験．

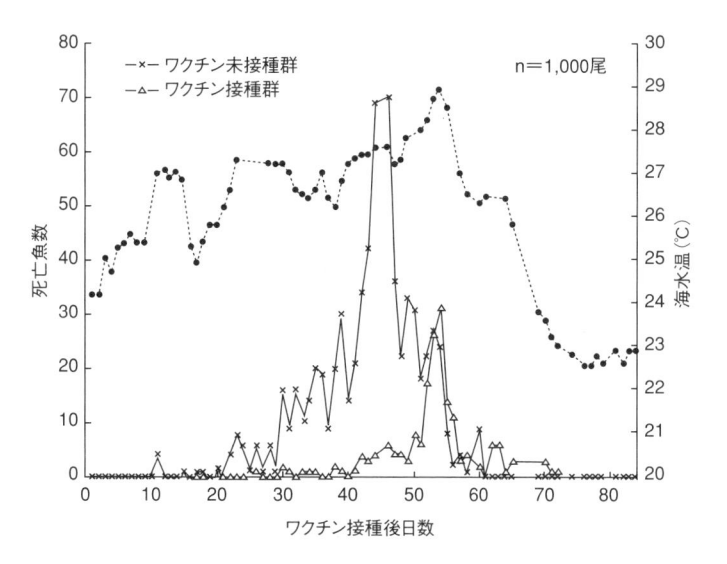

図8-4　自然環境下における予防効果（死亡魚数，海水温）

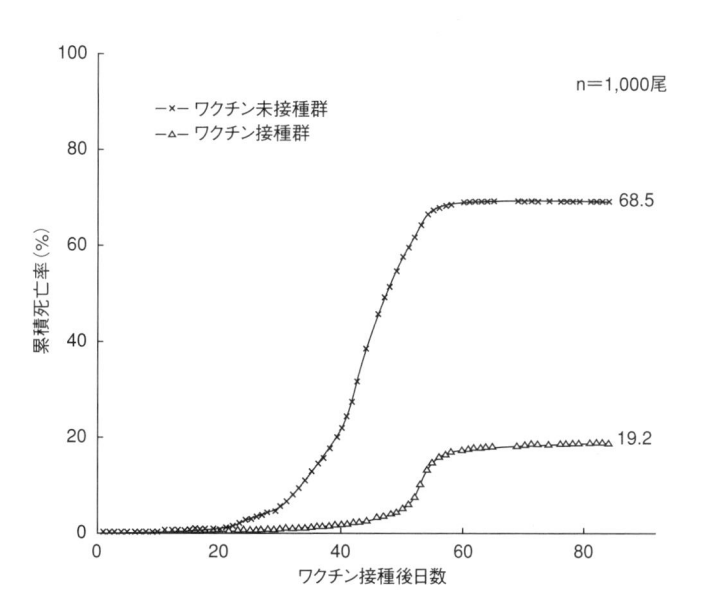

図8-5　自然環境下における予防効果（累積死亡率）

表8-4　野外応用試験期間中の魚体重の推移（マダイ）

	平均体重（g）		
	投与時	6週	12週
未接種（対照）群	6.2	30.8	63.6
ワクチン接種群	6.2	35.6**	66.4*

*　：対照群との間に有意差（P＜0.05）あり
**：対照群との間に有意差（P＜0.01）あり

第8章　市販ワクチン開発の経緯

飼料摂取量，血液学的検査，剖検および臓器重量等について14日間観察した結果，安全性に問題のないことが確認された．

3-3 適応魚種拡大について

本ワクチンはマダイを用いて，実験室内および野外応用試験を行いマダイイリドウイルス病に対する有効性および安全性を確認し実用化された．しかし，魚類のマダイイリドウイルス病はマダイのみならずブリ，カンパチ，シマアジなどスズキ目を中心に30魚種以上で発生が確認されている[8, 9]．特に，我が国の海面養殖業の主要な魚種であるブリ，カンパチなどのブリ属魚類およびシマアジへの本ワクチンの適用魚種拡大の要望が強かったが，各魚種におけるマダイイリドウイルスに対する感受性やワクチンに対する反応（免疫応答）が異なることが推測されるため，ワクチンの投与量，投与方法，安全性および有効性は投与される魚種それぞれについて検討する必要があった．

そこで，ブリ属魚類およびシマアジにおいてもマダイの場合と同様に室内実験および全国複数の試験施設（海上いけす）における野外応用試験を実施し有効性を，又ワクチンの安全性をGLP適用試験にて確認した．これらの試験成績を基に，2002年にはブリ属魚類およびシマアジにおける効能効果の追加承認を得，本ワクチンがそれらの魚種にも投与可能となった．更に，ヤイトハタについても同様な試験を実施し，本ワクチンの適用魚種として2009年に追加承認された．

3-4 おわりに

我が国の水産養殖業における感染症対策は，現在最も重要な課題の一つである．特にウイルス感染症に対する有効な治療薬が開発されていない現状ではワクチンが最も効果的な予防方法である．本ワクチンは，α溶血性連鎖球菌症やビブリオ病を予防するワクチンと混合化され，2種および3種混合ワクチンとしても開発されている．一方，より簡便で，予防効果の高いワクチンの開発，普及が望まれていることから，ワクチンの免疫機構の解明，簡便で効果の高い投与方法の開発，更に新規アジュバントおよびドラッグデリバリーシステム（DDS）の開発等が急務の課題である．

(真鍋貞夫)

文　献

1) 井上　潔・山野恵祐・前野幸男・中島員洋・松岡　学・和田有二・反町　稔（1992）：養殖マダイのイリドウイルス感染症，魚病研究，**27**，19-27.

2) Kurita, J., K. Nakajima, I. Hirono, T. Aoki (2002)：Complete genome sequencing of red sea bream iridovirus (RSIV), *Fish. Sci*, **68**, 1113-1115.

3) Nakajima, K., M. Sorimachi (1995)：Production of monoclonal antibodies against red sea bream iridovirus, *Fish Pathol*, **30**, 47-52.

4) Nakajima, K., Y. Maeno, M. Fukudome, Y. Fukuda, S. Tanaka, S. Matsuoka, M. Sorimachi (1995)：Immunofluorescence test for the rapid diagnosis of red sea bream iridovirus infection using monoclonal antibody, *Fish Pathol*, **30**, 115-119.

5) Kurita, J., K. Nakajima, I. Horino, T. Aoki (1998)：Polymerase chain reaction (PCR) amplification of DNA of red sea bream iridovirus (RSIV), *Fish Pathol*, **33**, 17-23.

6) Oshima, S., J. Hata, N. Hirasawa, T. Ohtaka, I. Hirono, T. Aoki, S. Yamashita (1998)：Rapid diagnosis of red sea bream iridovirus infection using the polymerase chain reaction, *Dis. Aquat. Org*, **32**, 87-90.

7) Nakajima, K., Y. Maeno, A. Honda, K. Yokoyama, T. Tooriyama, S. Manabe (1999)：Effectiveness of vaccine against red sea bream iridoviral disease in a field trial test, *Dis. Aquat. Org*, **36**, 73-75.

8) 松岡　学・井上　潔・中島員洋（1996）：1991年から1995年に"マダイイリドウイルス病"が確認された海産養殖魚種，魚病研究，**31**，233-234.

9) 川上秀昌・中島員洋（2002）：1996年から2000年にマダイイリドウイルス病が確認された海産養殖魚種，魚病研究，**37**，45-47.

参考文献

星合愿一・小松　功・伊藤　貴・小野寺　毅（1995）：海中飼育シロザケ稚魚に対するサケ科魚類ビブリオ病ワクチンの検討，宮城県水産研究開発センター研究報告，**14**，1995.

小松　功（1976）：養殖ハマチから分離された *Streptococcus* 属の新魚病細菌について，日本水産学会誌，**42**，1345-1352.

小松　功（1978）：各種魚病から分離された *Streptococcus* 属細菌の比較研究：日本水産学会誌，**44**，1073-1078.

小松　功（1990）：水産庁委託事業アユとニジマスのビブリオ病ワクチン，日本水産資源保護協会，魚類防疫技術書シリーズⅧ.

小松　功（1991）：アユとニジマスのビブリオ病ワクチン，日本水産資源保護協会　水産増養殖叢書，**41**.

小松　功（1994）：「最新魚病対策」水産用ワクチンの効果的な使用方法：養殖　臨時増刊号，**31**，80-83.

小川　健，小松　功（1995）：ブリ連鎖球菌症経口ワクチンの安全性および有効性試験，和歌山県水産増殖試験場報告，**27**，15-22.

小松　功（1996）：ブリα溶血性連鎖球菌症不活化経口ワクチン「ビシバック レンサ」について，養殖，**34**，72-75.

小松　功（1999）：特集・魚病対策新時代の到来 治療から予防へ，アクアネット，**4**.

小松　功（1999）：魚病ワクチン開発の現状とVaccine Delivery法の特性，JVM獣医畜産新報，**6**.

小松　功（2003）：[特集] 気になるワクチンの新潮流～ワクチンを利用した防疫管理～【ワクチンコスト】魚種別，魚体重別のワクチンコストについて，養殖，**40**，17-19.

小松　功（2004）：水産用医薬品ガイドブック【知っておきたい薬の基礎知識】，Ⅲ水産用医薬品の基礎知識，水産用医薬品の種類，生物学的製剤について，養殖　臨時増刊号，**41**，64-65.

中居　裕・小松　功（2000）：サケ科魚類β溶血性連鎖球菌症不活化注射ワクチンのヤマメに対する有効性，岐阜県水産試験場研究報告，**45**.

第9章 現場における使用状況，現場からの要望

本章1～3節ではワクチンの使用状況を説明するため，ワクチン開発の背景となる養殖生産量及び魚病被害の推移，ワクチンの使用方法，ワクチンの普及とその効果，ワクチンに関する今後の課題を示す．1節ではブリ，2節ではヒラメ，3節ではニジマスの養殖現場の状況を，それぞれ取り上げた．更に，4節では，現在のワクチンの使用状況を分析し，どのようなワクチンが養殖現場で必要とされているのかを考察した．

§1. ブリ

1-1 養殖および魚病発生の推移

ブリ養殖は，1928年に香川県引田町安戸池の築堤式養殖場で始められ，その後1957年頃から小割式養殖が各地に普及した．生産量も急増して1979年以降は15万トン前後で推移し，我が国の海面魚類養殖業を代表する魚種となっている[1]．このように，ブリ養殖が盛んになると共に，寄生虫性，細菌性およびウイルス性の各種の病気が発生し問題となっている．このうち，主な細菌病としては，ビブリオ病，類結節症，連鎖球菌症，ノカルジア症，ミコバクテリア症，細菌性溶血性黄疸等がある．なかでも，1969年に発生した類結節症，および1974年に発生した連鎖球菌症は，その後全国のブリ養殖場で発生し，死亡率が高く，ブリ養殖に甚大な被害を与えた[2, 3]．これらの病気の対策として，抗生物質による治療方法が開発されたが，1980年代中頃から1990年代にかけて薬剤耐性菌が多発し，有効な対策が取れないため被害が拡大し問題となった．又，主なウイルス病としては，ウイルス性腹水症およびマダイイリドウイルス病があり，特に1990年に養殖マダイに発生したマダイイリドウイルス病は，1991年以降はブリやカンパチ等にも発生し，死亡率も高く深刻な被害をもたらした[4]．

このような背景から，薬剤耐性菌や有効な治療対策のないウイルス病による被害を低減し，更には抗生物質等に頼らない安全・安心な養殖魚を生産するため，養殖魚においてもワクチンの開発が強く望まれていた．我が国の海産養殖魚用ワクチンとして初めて，1997年にブリα溶血性レンサ球菌症不活化経口ワクチンが市販され，又海産養殖魚用注射ワクチンとして初めて1999年にマダイ用のイリドウイルス感染症不活化ワクチンが市販され，2000年には対象魚種にブリが追加され，2001年にはブリα溶血性レンサ球菌症不活化注射ワクチンが市販された．更に，2006年にはブリ稚魚期のビブリオ病対策用に浸漬法によるビブリオ病不活化ワクチンが市販され，ブリ養殖におけるこれら病気の対策として，治療対策から予防対策への転換が図られることとなった．

本節では，愛媛県水産研究センターにおける魚病診断件数と水産用ワクチン使用時に必要とされる使用指導書のワクチン使用尾数を指標として，ワクチンの使用状況とそれに伴う対象とする病気の発生状況の変化をみてみたい．

なお，承認されている海産魚用ワクチンには，ブリのほかカンパチ，ヒラマサ等を含めたブリ属魚類を対象魚種としているものが多くあることから，ここではブリ属魚類を対象として資料をまとめた．

1-2 用法別のワクチンの使用状況

2007年現在，ブリ用のワクチンには，経口投与，注射法および浸漬法の3用法による12製剤が市販されている．経口投与法ワクチンには，α溶血性レンサ球菌症不活化ワクチンとして3製剤が，注射法ワクチンには，α溶血性レンサ球菌症不活化ワクチンとして3製剤，イリドウイルス感染症不活化ワクチンとして1製剤，α溶血性レンサ球菌症およびビブリオ病不活化ワクチンとして2製剤，イリドウイルス感染症およびα溶血性レンサ球菌症不活化ワクチンとして1製剤，イリドウイルス感染症，ビブリオ病およびα溶血性レンサ球菌症不活化ワクチンとして1製剤の合計8製剤が，浸漬法ワクチンには，ビブリオ病不活化ワクチンとして1製剤が市販されている．用法別の使用尾数をみると，経口ワクチンでは，α溶血性レンサ球菌症不活化経口ワクチンが市販された1997年の100万尾から2000年の580万尾へと増加した（図9-1）．しかし，2001年にα溶血性レンサ球菌症およびビブリオ病不活化注射ワクチンが市販されたことに伴い，2001年以降の経口ワクチンの使用尾数は減少し，2004年以降は1万～12万尾の範囲で推移している．一方，注射ワクチンは，イリドウイルス感染症不活化ワクチンが市販された2000年には41万尾に使用，更にα溶血性レンサ球菌症およびビブリオ病不活化ワクチンが市販された2001年以降は急増して，2002年以降は600万～800万尾の範囲で推移しており，ブリ養殖の病害防除対策として注射ワクチンが普及定着していることがわかる．浸漬法によるビブリオ病不活化ワクチンは，市販当初の2006年の6.8万尾から2007年の18.4万尾へと使用尾数が増加しており，採捕間もないブリ仔・稚魚期のビブリオ病対策として普及しつつあることを示している．

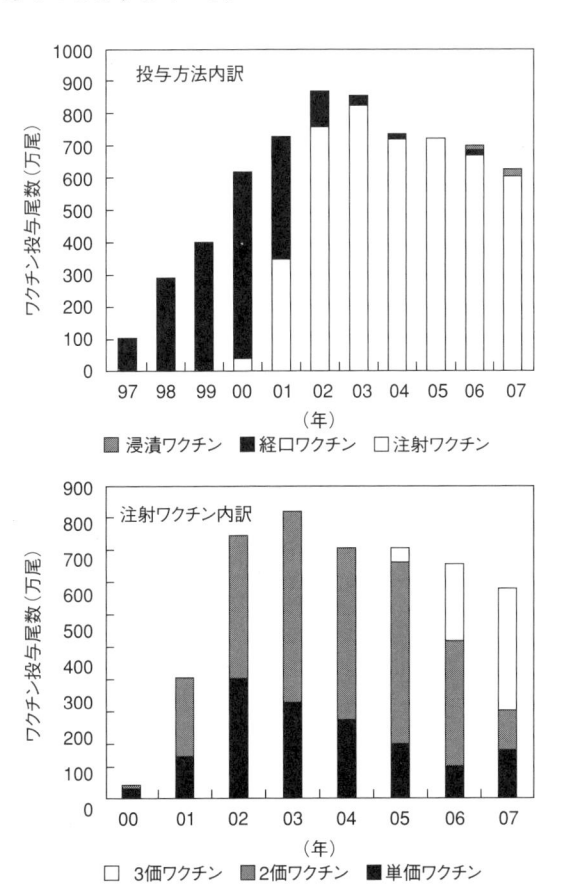

図9-1 養殖ブリ類におけるワクチンの投与方法別および種類別の使用状況の推移

注射ワクチンには，α溶血性レンサ球菌症不活化ワクチンあるいはイリドウイルス感染症不活化ワクチンのような単一の病気を対象とした単価ワクチンと，α溶血性レンサ球菌症不活化ワクチンとビブリオ病不活化ワクチンあるいはイリドウイルス感染症不活化ワクチンを混合した2価ワクチン，あるいはこれら3種類のワクチンを混合した3価ワクチンが市販されている．その使用尾数の推移を見ると，単価ワクチンの使用尾数は，2000年にイリドウイルス感染症不活化ワクチン，2002年にα溶血性レンサ球菌不活化ワクチンが市販され，2000年の41万尾から2002年の349万尾へと増加したが，それ以降は漸減傾向にある（図9-1）．一方，2001年にα溶血性レンサ球菌症およびビブリオ病不活化ワクチン，2003年にイリドウイルス感染症およびα溶血性レンサ球菌症不活化ワクチンが市販されると共に，これら2価ワクチンの使用尾数が増加した．更に，イリドウイルス感染症，ビブリオ病およびα溶血性レンサ球菌症不活化ワクチンが市販された2005年以降，3価ワクチンの使用尾数が増加傾向にあり，一度のワクチン接種で複数の病気に対する予防効果が期待でき，接種回数の削減に伴う省力化と魚のストレス軽減が図られる，多価ワクチンが普及しつつあることを示している．海面小割いけすにおける注射ワクチンの実際の使用方法については，第3章2節を参照．

1-3　各ワクチンの普及とその効果

次に，ワクチンの普及に伴う効果を，対象とする病気のα溶血性連鎖球菌症（ラクトコッカス症，*Lactococcus garvieae* 感染症），マダイイリドウイルス病およびビブリオ病について考察する．

1）α溶血性レンサ球菌症不活化ワクチン

本症に対するワクチンには，経口ワクチンが3製剤，注射ワクチンとして単価ワクチンが3製剤，2価ワクチンが3製剤，3価ワクチンが1製剤，合計10製剤が市販されている．本症ワクチンの使用状況をみると，1997年にワクチンが市販されたのち急速に普及し，2001年以降は600万～800万尾に使用されており，ほぼ全ての養殖ブリ類に使用されているものと思われる（図9-2）．養殖ブリ類における本症の年間の診断件数は，1990年代中頃までは600～800件で推移していたが，経口ワクチンが市販された1997年以降は270～470件程度で推移し，注射ワクチンが市販された2001年以降は急激に減少して，2003年以降は50件以下で推移しており，ワクチンの普及により本症の発生が予防されたことを示唆している．又，毎年実施しているワクチン使用後のアンケート調査でも，本症に関するワクチンは概ね有効であるとの評価が高く，2007年度の調査でも96％以上で有効と評価され，効果持続期間も6カ月間以上が79％以上と最も多かった（図9-3）．

2）イリドウイルス感染症不活化ワクチン

本病に対する注射ワクチンには，単価ワクチンが1製剤，2価ワクチンが1製剤，3価ワクチンが2製剤，合計4製剤が市販されている．本病ワクチンの使用状況をみると，2000年にワクチンが市販されたのち急速に普及し，2003年以降は400万～500万尾に使用されている（図9-2）．養殖ブリ類における本病の年間の診断件数は，1991年以降100～300件で推移していたが，ワクチンが市販された2000年以降は激減し，2003年以降は50件以下で推移しており，ワクチンの普及により本病の発生が予防されたことを示唆している．又，ワクチン使用後のアンケート調査でも，本病に関するワクチンは概ね有効であるとの評価が高く，2007年度の調査でも97％で有効と評価され，効果持続期間も6カ月間以上が74％と最も多かった（図9-3）．

3）ビブリオ病不活化ワクチン

本病に対するワクチンには，注射ワクチンとしてα溶血性レンサ球菌不活化ワクチンと混合した2価ワクチンが2製剤，浸漬ワクチンが1製剤，合計3製剤が市販されている．本病ワクチンの使用状況をみると，注射ワクチンの使用尾数はワクチンが市販された2001年以降増加し，2004年以

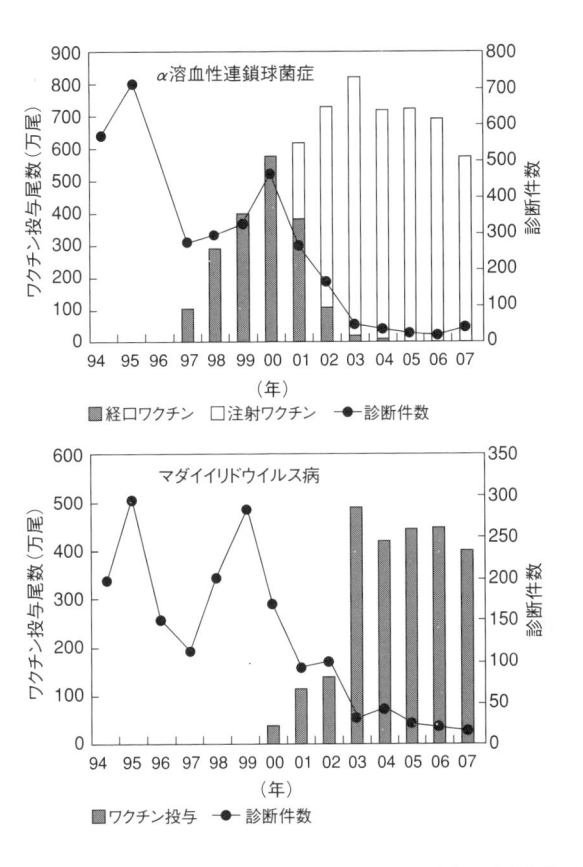

図9-2 養殖ブリ類におけるワクチン投与尾数と対象とする病気の診断件数の推移

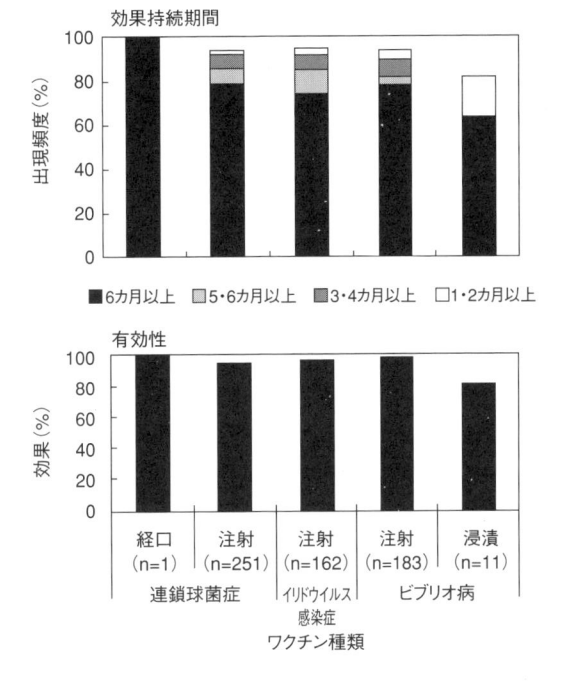

図9-3 養殖ブリ類におけるワクチンの有効性と効果持続期間

第9章 現場における使用状況、現場からの要望

降は100万尾前後で推移している．又，浸漬ワクチンの使用尾数は，本ワクチンが市販された2006年の6.8万尾から2007年には18.4万尾に増加した．ワクチンの普及に伴う本病の診断件数の減少はみられないが，ワクチン使用後のアンケート調査では，本病に関するワクチンは概ね有効であるとの評価が高く，2007年度の調査でも注射ワクチンでは96％，浸漬ワクチンでは82％で有効と評価され，効果持続期間も6カ月間以上が注射ワクチンで79％，浸漬ワクチンで64％と最も多かった（図9-3）．

4）ワクチン普及に伴う効果

ブリ養殖では，ビブリオ病，類結節症，ノカルジア症，α溶血性連鎖球菌症，マダイイリドウイルス病等の被害により，1990年代中頃までの通算の歩留まりは50～70％であった[5]．しかし，1997年以降にワクチンが普及すると共に，連鎖球菌症およびマダイイリドウイルス病による死亡率が減少し，2007年の通算の歩留まりは85％以上と推定され[6]，これらの予防による歩留まりの向上が明らかに認められている．又，連鎖球菌症やマダイイリドウイルス病は，ブリの成長適期である夏から秋に多発し，この間に十分な給餌ができないため，魚の成長が悪く，養殖2年目の年末で3～5kgにしか成長しない状況にあった[5]．しかし，ワクチンが普及して魚の成長適期に十分な給餌ができるようになった現在では，魚の成長が改善して養殖2年目の年末で5～8kgに成長している．このように，ワクチンの普及により歩留まりが向上すると共に，魚の成長適期に十分な給餌ができ成長も改善されたことから，1kgの増重に必要な飼・餌料の量（増肉係数）は，ワクチン普及以前の8前後から，ワクチン普及後の4前後へと節減されている（図9-4）[7]．更に，ワクチンの普及に伴い連鎖球菌症の発生が減少したことから，本症の治療のために使用されていた抗生物質等の使用量も減少しており（図9-5），ワクチンの普及は抗生物質等の使用を低減した安全で安心な養殖魚の生産に大きく貢献している．このように，ブリ類養殖におけるワクチンは，歩留まり，成長および増肉係数の改善と治療薬費用の節減による生産コストの削減につながると共に，安全安心な養殖魚の生産には欠かせないものとなっている．

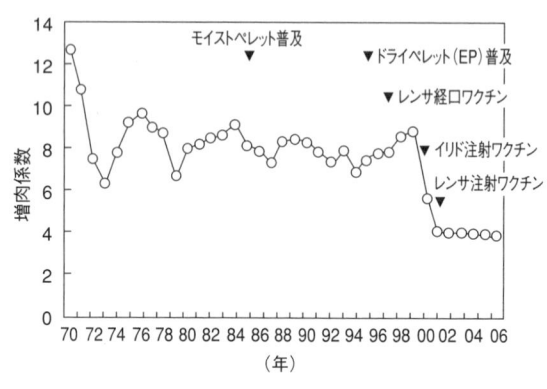

図9-4　養殖ブリの増肉係数の推移

1-4　今後の課題

以上のようにα溶血性レンサ球菌症不活化ワクチン，ビブリオ病不活化ワクチンおよびイリドウイルス感染症不活化ワクチンの有効性は明らかである．しかし，ブリ類養殖では，α溶血性レンサ球菌症不活化ワクチンの効果がみられない，Lancefieldの血清型別でC群に分類される新たな連鎖球菌症（C群連鎖球菌症，ストレプトコッカス・ディスガラクチエ感染症）が発生しており（図9-6），ワクチンを投与してもC群連鎖球菌症が発生すると，投薬治療を行わなければならない状況となっている．このため，C群連鎖球菌症に対するワクチンを開発すると共に，連鎖球菌症対

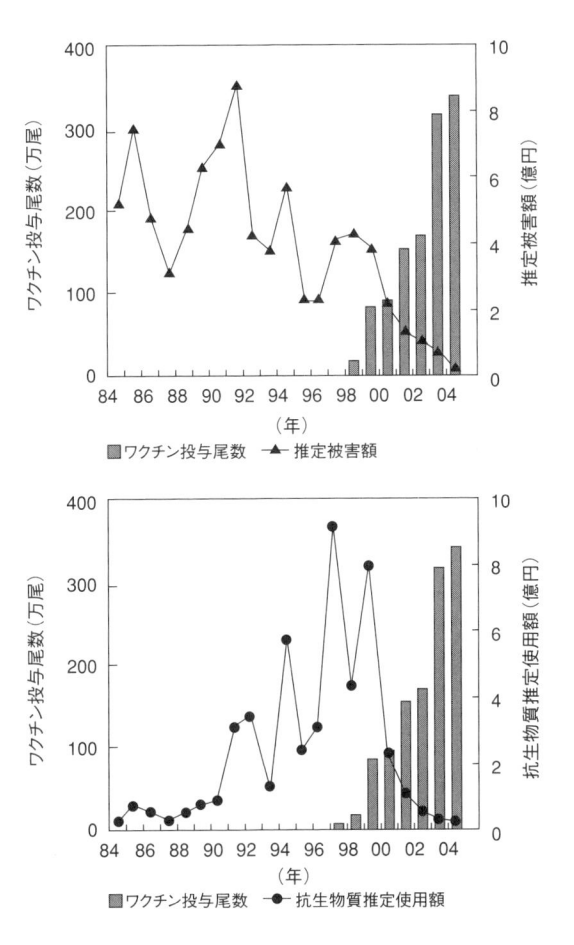

図9-5 養殖ブリ類におけるα溶血性レンサ球菌症関連ワクチン投与尾数と連鎖球菌症推定被害額およびマクロライド系抗生物質推定使用額の推移（資料提供；大分県農林水産研究センター水産試験場 福田 穣氏）

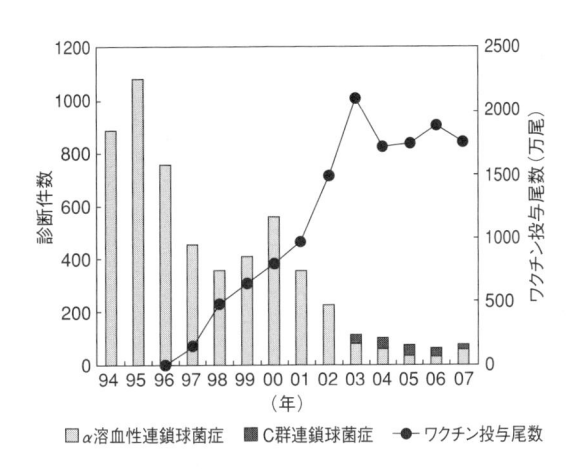

図9-6 養殖ブリ類におけるα溶血性レンサ球菌症不活化ワクチン投与と連鎖球菌症の診断件数の推移（鹿児島県水産技術開発センターおよび愛媛県魚病指導センターのデータから作成）

策として1回のワクチン投与で効果が得られるように α 溶血性レンサ球菌症不活化ワクチンとの混合ワクチンの開発が望まれる．又，類結節症に対するワクチンが，2008年6月に承認されており，その効果が期待される．更に，ブリ類養殖で問題となっている病気としてノカルジア症，ミコバクテリア症，細菌性溶血性黄疸等があり，これら病気に対するワクチンの開発が望まれる．

(高木修作)

§2 ヒラメ
2-1 養殖および魚病発生の推移

我が国のヒラメ養殖が民間レベルで始まったのは1977年とされており[8]，当初は海面小割いけすによる養殖が多かったが，網の動揺による'すれ'の発生や高水温期の死亡率が高いこと等の理由で減少し[9]，現在ではヒラメ養殖の大部分が流水式陸上水槽で行われている．陸上水槽養殖の普及と共に，養殖生産量は1985年頃から急激に増加したが[8]，1997年に最大の8,583トンに達した後は減少傾向にあり，1998～2002年には6～7千トン台，2003～2006年には4～5千トン台で推移している．2006年のヒラメ養殖生産量は4,613トンで，そのうち大分（1,442トン），愛媛（765トン），鹿児島（751トン），三重（418トン），長崎（225トン）の5県が上位を占めている（農林水産統計）．

ヒラメ養殖で発生する主な病気は，大分県で診断件数の多いものから順に，エドワジエラ症（E. tarda 感染症），滑走細菌症，β溶血性連鎖連鎖球菌症，スクーチカ症，ウイルス性出血性敗血症（VHS）等である．エドワジエラ症，滑走細菌症および連鎖球菌症は，いずれも1980年代初めにヒラメ養殖で発生するようになり，1980年代末の養殖経営体の増加に伴って診断件数が増加した細菌病で[10]，現在でもヒラメ養殖における病気の被害の主体である．滑走細菌症にはニフルスチレン酸ナトリウムを有効成分とする薬浴剤が，連鎖球菌症にはオキシテトラサイクリンの2種の塩を有効成分とする経口投与剤が，それぞれ治療薬として承認されているが，ブリ等のスズキ目魚類と比較して使用できる抗菌剤の種類が少なく，ヒラメ養殖現場は細菌病対策に苦慮している．加えて，原虫病のスクーチカ症が1985年から，ウイルス病のVHSが1996年からヒラメ養殖で発生するようになり，共に有効な治療法がないことから，これらの病気の被害も問題となっている．

このような状況下で，2005年にヒラメ用ワクチンとして初めて，「β溶血性レンサ球菌症不活化ワクチン」が承認され，使用できるようになった．ヒラメ養殖現場ではワクチンの利用によって，連鎖球菌症被害と抗菌剤使用の減少が期待されているが，エドワジエラ症やVHSのような有効な対策のない感染症に対するワクチン開発も切望されている．

2-2 ワクチンの普及とその効果

2009年2月現在，我が国でヒラメに使用できるワクチン製剤は2種類で，いずれも腹腔内注射で投与される β溶血性連鎖球菌症（Streptococcus iniae ストレプトコッカス・イニエ感染症）[11, 12]の予防を目的とした不活化ワクチンであるが，養殖生産の上位を占める大分，愛媛両県のヒラメ養殖におけるワクチンの使用状況はかなり異なっている（図9-7）．大分県では，ヒラメにレンサ球菌症ワクチンが使用できるようになった2005年に，約37万尾の養殖ヒラメにワクチンが接種されたが，2006および2007年の接種尾数は約7～8万尾にとどまっている．これに対して愛媛県では，2005年にはワクチンが使用されなかったものの，2006年に約10万尾の養殖ヒラメにワクチンが接種され，2007年の接種尾数は22万尾まで増加している．

大分および愛媛県ではワクチンを使用した経営体に対して，効果に関するアンケート調査が実施されている．両県のヒラメ養殖業者からの2005～2007年の回答をまとめると，効果不明の回答

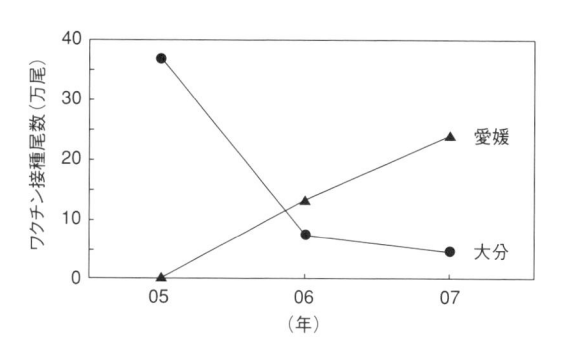

図9-7 大分県および愛媛県のヒラメ養殖におけるβ溶血性レンサ球菌症ワクチン接種尾数の推移（データの一部は愛媛県農林水産研究所水産研究センター　高木修作氏からの提供による）

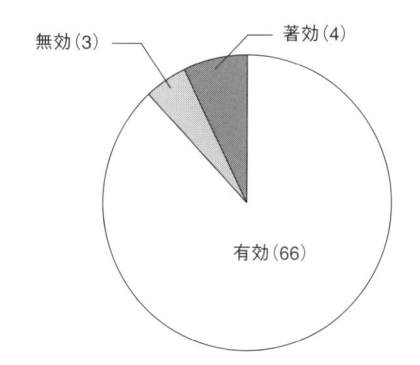

図9-8 ヒラメ養殖経営体が判明したβ溶血性レンサ球菌症ワクチンの効果（大分県36例，愛媛県73例：データの一部は愛媛県農林水産研究所水産研究センター　高木修作氏からの提供による）

を除く73例のうち，効果があると判定した回答（著効と有効の計）が70例（95.9%）を占めたのに対して，効果がないと判定した回答（無効）はわずか3例（4.1%）にすぎなかった（図9-8）．このように，ヒラメ養殖現場においてβ溶血性レンサ球菌症ワクチンの効果は強く認識されており，接種尾数が減少した大分県においてもワクチンの効果が疑問視されているわけではない．

2-3　今後の課題

大分県のヒラメ養殖におけるワクチン接種尾数の減少は，新たな連鎖球菌症（*S. parauberis* 感染症，ストレプトコッカス・パラウベリス感染症[13]）の流行に関連している．大分県で診断された近年のヒラメの連鎖球菌症の件数の推移をみると（図9-9），β溶血性レンサ球菌症ワクチンの使

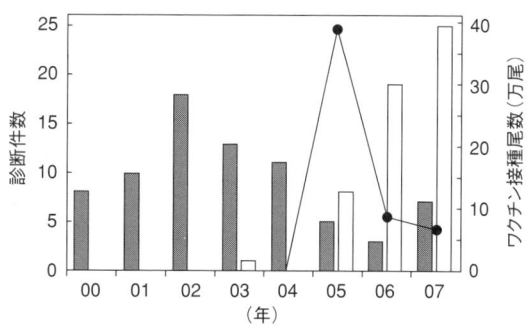

図9-9　大分県におけるヒラメの連鎖球菌症診断件数の推移

用が開始された2005年以降に、ストレプトコッカス・パラウベリス感染症の件数が急増している。特にβ溶血性レンサ球菌症ワクチンを接種したヒラメ群におけるストレプトコッカス・パラウベリス感染症の被害発生は養殖業者に衝撃を与え、被害情報の拡大によって連鎖的に経営体がワクチン使用をひかえる例は少なくない。愛媛県においてもストレプトコッカス・パラウベリス感染症の発生情報があることから、今後のワクチン使用の動向が気になるところである。

以上のように、ヒラメのβ溶血性レンサ球菌症ワクチンは、養殖現場において効果が認識されているにもかかわらず、ワクチンの効かない新たな類似細菌感染症の発生と流行によって、普及が阻害されている状況にある。ヒラメ養殖におけるワクチンの普及のためには、β溶血性連鎖球菌症以外の感染症に対するワクチンの開発が急務である。

(福田 穣)

コラム1 〈ヒラメ養殖現場における注射作業〉

1) 作業の時期

現在市販されているヒラメのβ溶血性レンサ球菌症ワクチンは、水温約14～28℃の範囲で(製剤によって上限水温が微妙に異なる)、体重約30～300gの健康な魚に投与できる。種苗生産技術の進歩によって様々な時期にヒラメ人工種苗が供給されるようになったため、水温と魚体重の条件さえ満たされればワクチンの投与がほぼ周年可能である。しかし実際には、ワクチンの対象の病気であるストレプトコッカス・イニエ感染症が発生しやすくなる高水温期(大分県では8～10月)に入る前に、注射作業を済ませておく必要がある。2005～2007年の大分県の状況では、ヒラメ養殖におけるワクチン使用例の8割強が、10～3月に導入された種苗に対して4～7月に注射作業が行われたもので、接種時の水温は約15～21℃、平均魚体重は約50～200gの範囲にあった。

2) 作業上の留意点

観察：ヒラメにおけるワクチン注射作業は、一般的な養殖海産魚の場合と基本的に同じである(第3章)。ワクチン投与予定魚群の日常観察は、健康状態の把握や病気発生のないことを確認するために重要であるが、陸上水槽で養殖されているヒラメでは、摂餌状況に加えて体色変化や‘すれ’の有無等の観察が比較的容易である。万が一異常魚が発見された時には、ワクチン指導機関等の検査を受け、場合によっては作業の延期が必要となる。異常を軽視した注射作業の強行が感染症の被害拡大につながったと思われる事例も発生しているので、注意深く行う。

感染症：ブリ類やマダイ等でワクチンが投与される水温が概ね20℃以上であるのに対して、ヒラメでは20℃以下の低水温時に注射作業が行われることが多い。冬から春先の低水温時にワクチン投与を計画する場合に特に注意すべき感染症は、VHSや滑走細菌症等である。滑走細菌症の治療には、ニフルスチレン酸ナトリウム製剤(50g以下のヒラメに使用可能)を用いた薬浴が行われる。しかし、抗菌剤の投与はヒラメの免疫能に影響を与える可能性があることから、治癒が確認されても投薬後4日間は注射作業ができなくなる。同様の理由で、ワクチン接種を終えた魚群に抗菌剤を使用することも避けなければならない。

餌止め：注射作業による魚のストレス軽減や事故防止(酸素欠乏、注射針による臓器の損傷等)のため、ワクチン投与対象魚群は空胃に近い状態にしておく必要がある。ヒラメはブリ類等と比較して酸素欠乏には強いが、腹腔内に臓器が密集しているため、注射針による臓器の損傷を受けやすい。一般的には注射作業前に24時間以上の餌止めが推奨されているが、水温の低下と共に魚の消化速度は遅くなる(とくに固形飼料は遅い)ことから、可能な範囲でワクチン投与前最終の給餌量を少なくしたり、餌止め期間を長くする等の調整が行われる。

3）作業の実際

流水式陸上水槽で養殖されているヒラメへのワクチン注射作業は，海面小割いけすで養殖されるブリ類等と多少異なるが，基本的なワクチン注射作業の流れは，

①養殖水槽からのワクチン投与予定魚の取り上げ
②麻酔作業（麻酔槽）
③注射作業（作業台）
④ワクチン投与魚の養殖水槽への放養

である．

水槽の数に余裕のないヒラメ養殖場におけるワクチン投与は，注射した魚を元の水槽へ戻す作業工程で行う（写真1）．まず，ワクチン投与予定のヒラメが収容された水槽の注水を停止して酸素を供給しながら水位を10～20cm程度まで下げ，仕切網を用いて魚を片方に寄せて水槽を分割し（写真2），魚の入っていない側に注射作業台（写真3）を設置する．麻酔槽は注射作業台に近い位置に置くと効率的である．なお，網や作業者（長靴）と同様に，水槽内に設置される注射台や麻酔槽等は水槽に入れる前に適当な方法で消毒しておく必要がある．

次に，仕切網を操作して面積を縮小させながら集められたヒラメを（写真では魚籠に一時収容され），麻酔槽に導入する（写真4）．あらかじめ使用する麻酔薬の至適濃度（麻酔薬に数分間魚を漬けた後，注射をしても魚が暴れない濃度）を決めておくことが必要である．底生性の魚であるヒラメでは，遊泳活動等が麻酔深度推測の目安にすることが難しいが，経験では麻酔槽内のヒラメを反転させて無眼側を上向きにし，自力で正常状態に復しなければ麻酔完了とし，注射作業を開始することができる．

写真1

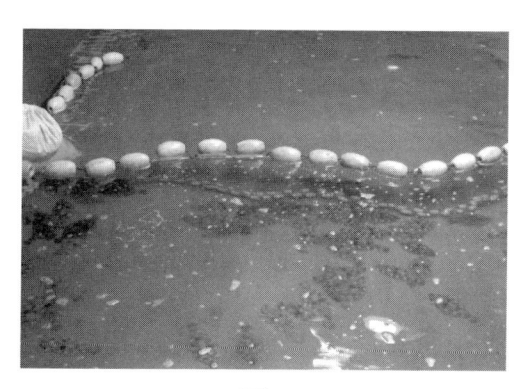

写真2

第9章　現場における使用状況，現場からの要望

ヒラメへの注射は，ワクチン添付の使用説明書にしたがって実施するが，現在市販されている製剤はいずれも，腹腔内（有眼側胸鰭基部から胸鰭中央部にかけての下方）が注射部位である（写真5）．ワクチンを投与するヒラメの体重によって腹腔内注射の深度は異なり，30〜200gでは3mm，201〜300gでは4mmの長さの注射針の使用が推奨されている．注射作業台を水槽内に直接設置することにより，ワクチン注射済みのヒラメをそのまま足下の水槽へ落とすと再収容され，効率良く作業を進めることができる．言うまでもないが，ワクチン未投与の魚を逸脱（麻酔不十分の場合におこりやすい）させないよう注意が必要である．
　ワクチン未投与のヒラメを全て取り上げ注射が終了したら，仕切網，注射作業台，麻酔槽等を撤去し，水槽の水位を通常の状態に戻してワクチン投与作業を終了する．

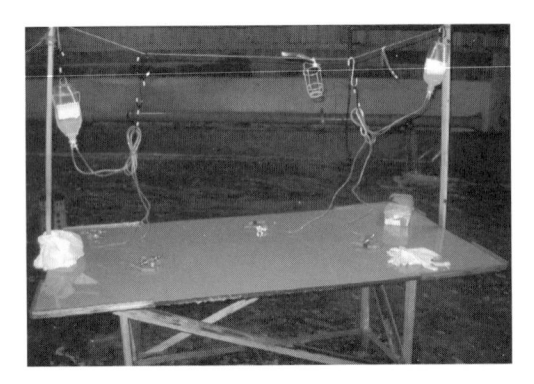

写真3

写真4

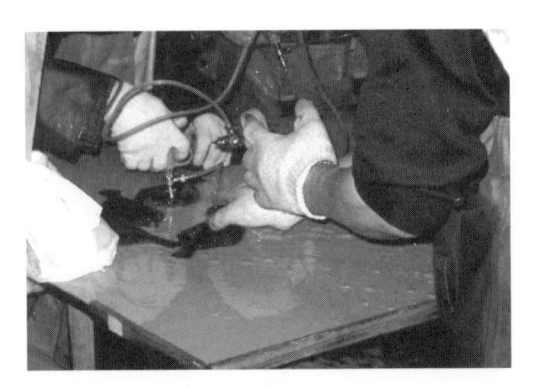

写真5

水槽の数に余裕のある養殖場では，ワクチン投与済みのヒラメを別の空いている水槽に収容する場合もある．この場合も注射作業台は空き水槽に設置するが，麻酔槽は投与予定魚水槽又はその近くに置いたほうが，その後の運搬における事故防止に有利である．作業効率の観点からも，注射後の魚を収容する水槽は可能な限り投与予定魚の水槽に近接していることが望ましいが，現実には養殖場でこれらの水槽の配置の調整は難しい．加えて，魚を収容するための水槽はあらかじめ洗浄し消毒を施しておく必要があるため，1日にワクチン投与作業が可能な水槽数が限られる．ただし，ヒラメの選別や分槽作業を兼ねてワクチンを投与する場合等，便利な点もある．

ワクチンを注射したヒラメについては，遊泳状態（麻酔からの覚醒），体色変化，摂餌状況等の観察を行いながら，少なくとも1週間は選別等の作業を避けて安静に努めなければならないが，ヒラメは比較的神経質な魚であるため，異常がなくても作業後に摂餌量が低下することがある．

§3．ニジマス

3-1 ニジマスおよび魚病発生の推移

我が国におけるニジマスの養殖は，戦後の対米輸出とその後の高度経済成長によりその生産量を伸ばした．生産量のピークは1982年の18,230トンで，その後は減少に転じ，2007年にはピーク時の約40％の7,320トンとなった[14]．最近の生産量の減少は，長引く不況とノルウェーやチリからの輸入サケマスの増加等によるニジマス需要の低迷のためと考えられる[15]．

ニジマス養殖は豊富な湧水や比較的冷たく清浄な河川水が得られる地域で営まれ，主な生産地は静岡，長野，山梨，岐阜，栃木（2007年ニジマス養殖生産量上位5県[14]）等である．ニジマス養殖の形態には自ら種苗生産を行い食用魚まで生産するもの，又は，種苗生産業者から発眼卵あるいは稚魚を購入し食用魚を生産するものがある．いずれにしても発眼卵から体重2g程度の稚魚までは，伝染性造血器壊死症（IHN）等の魚病対策として地下水や湧水等の病原体フリーの用水を使用した防疫施設で隔離飼育されている場合がほとんどである．

体重2g以上になると隔離施設から外部の飼育池に放養される（池出し）．池出し後は数回の選別を経て，約1年で体重100〜150gの食用サイズとして出荷される．又，最近では3倍体魚等大型ニジマスの生産も見られ，その場合は約2〜3年間飼育し体重1kg以上として出荷されている．

ニジマス養殖における主な魚病として，IHN，マス類のヘルペスウイルス病（OMVD）等のウイルス病，ビブリオ病，β溶血性連鎖球菌症，冷水病等の細菌病，ミズカビ病やイクチオホヌス症等の真菌病がある．この他に寄生虫によるもの，環境性や栄養性の病気等もある．

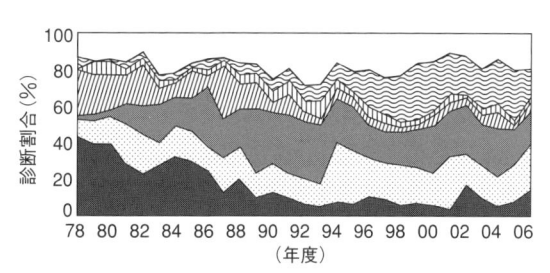

図9-10　ニジマス成魚の魚病診断における病名別診断割合

全国養鱒技術協議会の疾病実態調査によるニジマス成魚（体重20g以上）における魚病診断件数の病名別割合を図9-10に示す．調査初期の1978年には診断件数の半分以上が細菌病であった．その後はIHN等のウイルス病が成魚においても増加し，最近では連鎖球菌症や冷水病，又はIHNと冷水病の混合感染症等の割合が大きくなっている．ビブリオ病については調査初期では全体の約40％を占めていたが，1989年のワクチン普及以降，10％以下で推移している．

3-2　ワクチン普及とその効果

　ニジマスに使用できるワクチンは，さけ科魚類のビブリオ病不活化ワクチンで医薬品名「ピシバック　ビブリオ」の1種類である（図9-11）[16]．

　ビブリオ病ワクチンが普及した頃の静岡県の5つのニジマス養殖場における事例を示す（図9-12）[18]．これらの地域ではビブリオ病が周年発生し，1989年までの被害量は年間生産量の約5％で，被害額は約4,000万円であった．治療にはサルファ剤が主に使用され，その費用は約500万円であった．これらの養殖場で1989～1990年に総計2,635万尾（平均体重2.8g，約74トン）のニジマス稚魚にワクチンが施された．

　その結果，ワクチン接種を行った養殖場ではビブリオ病の発生がなかった．ワクチン使用額は約1,500万円にのぼったが，ビブリオ病による被害がなくなったため，経営面からもワクチン使用の効果が認められた．なお，1989年に1つの養殖場で一部の飼育魚にワクチン接種しなかったところ，翌年にその魚群にのみビブリオ病が発生した．ビブリオ病ワクチンの有効性は高く，長野県

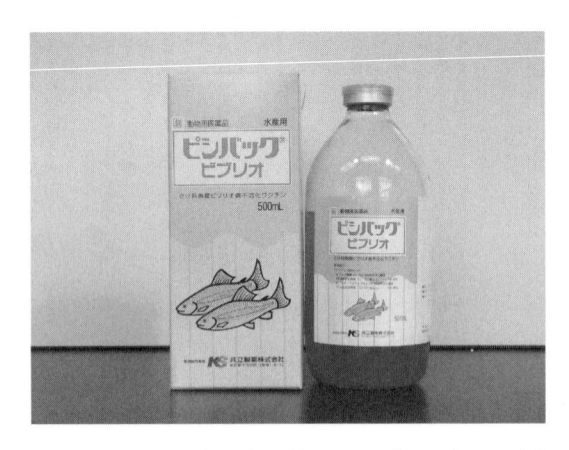

図9-11　さけ科魚類のビブリオ病不活化ワクチン「ピシバック　ビブリオ」

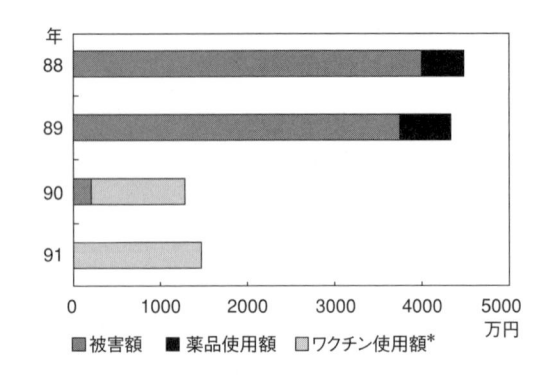

図9-12　静岡県の5カ所のニジマス養殖場におけるビブリオ病ワクチン使用効果事例（原ら[17]）
＊ワクチン使用額は，使用した年度ではなく，効果が確認される，次年に示した．

内でもこれまで効果が認められなかった例は報告されていない．

　長野県におけるビブリオ病ワクチンの年間使用量と処理されたニジマス稚魚数を図9-13に示す．販売が開始された翌年の1990年から2000年までワクチンの年間使用量は250〜400l程度で，ワクチン処理された尾数は500〜700万尾であった．これらは県内で生産された稚魚数の15％前後に当たる．しかし，2001年以降使用量は減少し，処理尾数も減少した．これは前述のニジマスの需要の低迷により，県内で生産される稚魚数そのものが1989年の約1/5にまで落ち込んだこと，又，できるだけ生産コストを下げるためワクチンを使用しなかった養殖場もあったためと思われる．

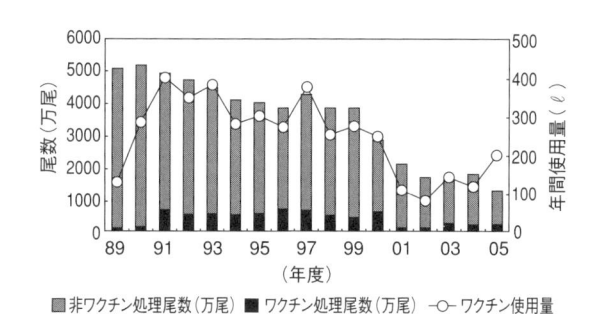

図9-13　長野県におけるビブリオ病ワクチンの使用量とニジマス処理尾数

3-3　今後の課題

　図9-14にワクチン処理率とビブリオ病の診断件数の推移を示す．2001年にワクチン処理率が約8％にまで低下した翌年にビブリオ病診断件数が前年の約2倍に増加した．これは長野県の主要生産地域において複数の養殖場でビブリオ病が発生したことによるものである．聞き取り調査によれば，当時その地域ではビブリオ病の被害が少なくなったことから，ワクチン処理をせずに池出しをしたためビブリオ病が発生したものと考えられた．この現象は全国的にも同様である．農林水産省の魚病被害実態調査[18]によると，2006年のニジマス養殖における推定被害状況ワースト3は，被害量では1位連鎖球菌症（113トン），2位ビブリオ病（77トン），3位IHN（69トン）で，被害額では1位IHN（7,000万円），2位連鎖球菌症（4,600万円），3位ビブリオ病（3,300万円）であった．これからもわかるように，ワクチンが実用化されている現在でも，ビブリオ病はニジマス養殖業において一定の被害をもたらしている．「ワクチンを使用する→しばらくビブリオ病の被害がないのでワクチンの使用を控える→突然ビブリオ病が発生する→再びワクチンを使用する．」このような繰り返しが，各地で行われているため，ビブリオ病の被害が一定の水準以下に下がらないと推察

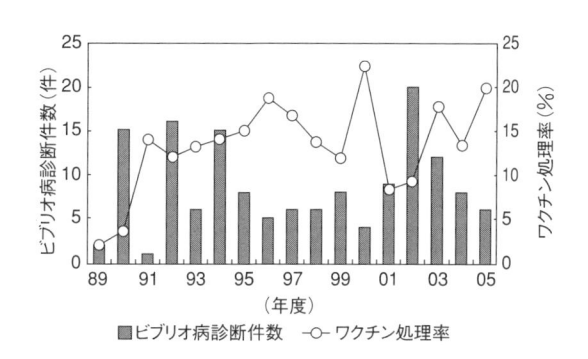

図9-14　長野県におけるビブリオ病ワクチン処理率とビブリオ病診断件数

される.ニジマスは活魚で全国に流通している.このため,日本のどこかでビブリオ病が発生している限り,いつでも,どこの養殖場にでもビブリオ病菌が進入する可能性がある.継続的,そして全国的なワクチンの使用が望まれる.

ワクチンを使用することによりビブリオ病発生のリスクを抑えることができ,ひいては歩留まりの向上と発生時にかかる治療費の抑制に寄与できる.その上,昨今の消費者の安全安心志向の高まりにより,できるだけ抗菌剤に頼らない食用魚の生産が望まれている.そのためにも,引き続きビブリオ病ワクチンの計画的な使用を全国的に推進する必要がある.

更には,前述のとおりニジマス養殖においては,ビブリオ病の他,連鎖球菌症や冷水病,IHN等,又,在来マス類では依然としてせっそう病による被害が大きいことから,マス類の養殖現場ではこれら病気に対するワクチン開発が望まれている.

(小川 滋)

コラム2〈ビブリオ病ワクチン使用の実際〉

本ワクチンの用法・用量および使用上の注意点は,第4章2-2および第3章3節を参照.ワクチン処理するニジマスの量とそれに必要なワクチン本数,使用ワクチン液量を表に示した[17].次に,具体的な使用例として,体重2gのニジマス稚魚25,000尾をワクチン処理する場合を紹介する.

ワクチン処理するニジマスの量とそれに必要なワクチン本数と使用ワクチン液(原ら[17])

総魚体重 (kg)	処理可能な最大尾数 (尾)			ワクチン本数	飼育水 (l)	使用ワクチン液 (l)	1回に浸漬する最大量 (kg)
	体重2g	5g	10g				
50	25,000	10,000	5,000	2本(1 l)	9	10	5
100	50,000	20,000	10,000	4本(2 l)	18	20	10
500	250,000	100,000	50,000	20本(10 l)	90	100	50

作業場所は,処理後の稚魚を放養する池の近くで直射日光の当らない場所を選ぶ.ワクチンは沈殿しているので使用前によく振った上で,ワクチン2本(合計1,000ml)を容量20l程度のバケツに注ぎ入れる.そこに飼育水9lを加え,使用ワクチン液10lをつくる.使用ワクチン液には酸素を通気する.このワクチン液に24時間以上餌止めした稚魚5kg(2,500尾)を計量して入れ,2分間浸漬した後に飼育池へ放す(写真1~3).この処理を10回繰り返すことで25,000尾のワクチン処理ができる.

写真1 ワクチン液作成

写真2　ワクチン浸漬

写真3　ワクチン処理終了

§4. 現場からの要望

　ブリの最も重要な病気である，ラクトコッカス・ガルビエを原因菌とするα溶血性連鎖球菌症の被害は，α溶血性レンサ球菌症ワクチンの出現で，激減した（特に注射用投与の普及後）．接種魚群では，本症の発症がほとんどなく，又ワクチンの持続性も長いことから，出荷時期まで未発症という状況も珍しくない．海産養殖魚のワクチンとして最初に登場した本ワクチンの効果が非常に高いため，それを超えるワクチンは未だ出てきていない．

　表9-1に，2007年度の八幡浜管内（愛媛県）におけるワクチン接種状況を示す．管内では，マダイ（450万尾）を中心に，ブリ類，ヒラメ，シマアジ，トラフグ，スズキ，マアジ等，十数種類の養殖魚が飼育されている．ぶりのα溶血性連鎖球菌症ワクチンについては，3種混合ワクチンも含めて100％の接種率である．ところが，マダイのイリドウイルス感染症ワクチンやひらめのβ溶血性レンサ球菌症（ストレプトコッカス・イニエ感染症）ワクチンは，全く接種されていない．接種されない原因は，マダイの場合，マダイイリドウイルス病の被害が小さいことが挙げられる[19]．例年本症による被害率は数％であり，全く発生しない魚群も多い．魚価が低迷している現状において，発生率の低い病気に対して高価なワクチンの投与は採算性が悪いと判断される．ヒラメのβ溶血性連鎖球菌症も同様で，最近では本症の発生が極めて少ない[20]．図9-15は，本症ワクチンが市販された年（2005年）の接種風景であるが，このシーズンにβ溶血性連鎖球菌症は発生しなか

第9章　現場における使用状況、現場からの要望

った．又，最近では，ヒラメのβ溶血性連鎖球菌症は，ストレプトコッカス・パラウベリスによる被害が増加し（連鎖球菌症のうちの80％以上），イニエに対するβ溶血性レンサ球菌症ワクチンだけでは対応できなくなってきている[21]．

表9-1　2007年度における八幡浜管内でのワクチン接種状況

対象魚種	ワクチンの種類	接種率（％）
ブリ	α溶血性連鎖球菌症（注射）	80
	α溶血性連鎖球菌症，イリドウイルス感染症，J-O-3型ビブリオ病の3種混合（注射）	20
マダイ	イリドウイルス感染症（注射）	0
ヒラメ	β溶血性レンサ球菌症（注射）	0

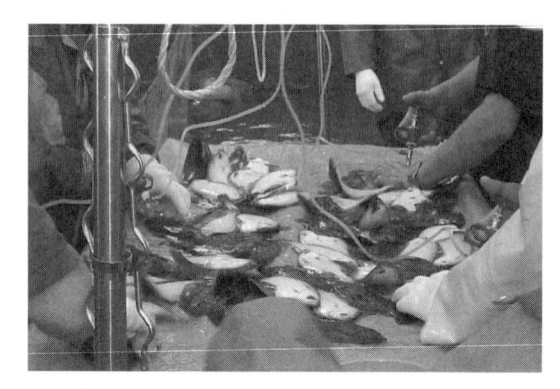

図9-15　ひらめのβ溶血レンサ球菌症ワクチン接種風景

長期的な魚価の低迷が続き，エサ代も削らなければならない状況の中では，本当に価値あるワクチンでなければ普及することは困難であると思われる．現場で必要とされるワクチンの条件は，①毎年必ず発生する病気であること，②被害量が大きいこと，③薬剤投与による治療が困難なこと，である．

1）持続性の長いワクチン

ぶりのα溶血性レンサ球菌症ワクチンは，少なくとも2年間有効であり，持続性が長い．そのため，モジャコ期に接種すると，出荷までほとんど無投薬で対処できる．このようなワクチンが理想である．持続期間が3カ月間や6カ月間では，病気によっては意味を成さないものもある．たとえば，ヒラメのβ溶血性連鎖球菌症は，海面養殖の場合，2年目の夏に多発する．2年目の夏に1.5kgサイズで出荷しようと飼育していると，1.2～1.3kg当たりで決まって本症が発生する．出荷直前で投薬はできないため，流行が広まる前に予定より小さいサイズでの緊急出荷という事態になる．もし，ひらめのβ溶血性レンサ球菌症ワクチンが，ぶりのα溶血性連鎖球菌症ワクチンと同程度の持続性があれば，1.5kgサイズのヒラメを，予定通り，高値で販売することが可能になり，経営安定につながる．

ヒラメの新しい連鎖球菌症（ストレプトコッカス・パラウベリス感染症）や腹水症（エドワジエラ症），マダイのエドワジエラ症等は，周年発生し，出荷サイズの魚にまで被害が及ぶ病気であるため，数カ月間の持続性では有効とはいえない．最低1年間以上の効果の持続が期待される．有効期間が短くても，ワクチンとして承認されるようであるが，病気の特性を考慮して開発しないと，普及は難しい．

2）安価なワクチン

　どんなに良いワクチンでも，生産コストに見合うものでなければ，実際に養殖現場で普及することは難しい．最もわかりやすい事例は，マダイのイリドウイルス感染症ワクチンである．1尾50〜60円の種苗に，30円／尾のワクチンは採算に見合わない．1尾当たり30円をワクチンではなく種苗の追加に当てれば，1万尾の種苗の場合，5千尾を追加購入できる．追加購入後に，マダイイリドウイルス病により種苗の30％が死んだ場合でも，1万500尾の種苗が残る．すなわち，ワクチンを購入するより，種苗をその分購入した方が生産コスト安になる勘定である．もしマダイイリドウイルス病が未発生又は，発生による被害が数％ならば，ワクチンを使用しない方が更にコスト安になる（実際に，マダイイリドウイルス病で30％も出荷量が落ちることはほとんどない）．八幡浜管内は宇和海北部海域にあり比較的水温が低いため，イリドウイルス感染症の被害は特に小さい．そのためワクチンに頼らなくても対処できる場合が多い．しかし，宇和海の南部海域で本症のまとまった被害が例年あるような海域でも，昨年のワクチン接種率は0.2％程度であった．この地域の漁業関係者は，ワクチンの効果よりも，価格が高いことが普及しない一番の要因であるという．

　表9-2に，愛媛県における2007年度のワクチンの実勢価格を示す（但し，2008年度に市販される，類結節症とα溶血性連鎖球菌症の2種混合ワクチンの価格は，2008年度の価格）．実勢価格とは，実際に養殖業者が負担する金額で，他県では多少異なるかもしれないが，経口ワクチン（2回接種）の50円／尾を除き，1尾当たり32〜45円である．2種や3種混合の多価ワクチンになるほどコスト安な感じはするが，やはり現状においては高価である．これらの価格は，メーカー側の企業努力により，発売当時よりは値下げされている．

表9-2　愛媛県におけるワクチンの実勢価格

ワクチンの種類	対象とする病気	用法	1尾当たりの価格（円／尾）
単価ワクチン	マダイイリドウイルス病	注射（1回）	32.1
	α溶血性連鎖球菌症	注射（1回）	32
	α溶血性連鎖球菌症	経口（2回）	50（25円×2回）
2種混合ワクチン	イリドウイルス感染症 α溶血性連鎖球菌症	注射（1回）	42
	J-O-3型ビブリオ病 α溶血性連鎖球菌症	注射（1回）	35
	類結節症 α溶血性連鎖球菌症	注射（1回）	45
3種混合ワクチン	マダイイリドウイルス病 α溶血性連鎖球菌症 J-O-3型ビブリオ病	注射（1回）	45

　1998年に地中海沿岸のイタリアとギリシャの，スズキやヘダイ等の海面養殖，および種苗生産施設を視察した際，スズキ種苗のビブリオ病ワクチンは，1尾当たり1円だと聞いた．その他のワクチンも概ね数円／尾で，日本の10分の1以下であった．魚価から換算しても，その価格は極めて妥当な価格であると考えられる．1尾数円ならば，ほとんどのワクチンは養殖現場で受け入れられると思う．更に驚いたことに，韓国ではヒラメに使用するワクチン経費に対して国等の補助があり，実際に養殖業者の負担はない（0円）と聞いた．国策としてヒラメ養殖を振興している韓国ならではの措置であるが，日本では，国や県等，行政からの補助は全くないのが現状である．

　長年我が国の主要な産業の担い手であった水産業であるが，ここ数年，漁場の老朽化，魚価の低迷，需要の減少，飼料・燃料の高騰，後継者問題等，これまでになく厳しい状況を迎えている．

食品の安心・安全が叫ばれる昨今，薬剤の使用減少につなげるワクチンの使用に限定し，国の水産業を守るための，行政の早い決断が望まれる．

3）対象魚の制限のないワクチン

現在，水産用ワクチンは，使用対象魚種が明確に決められている．海産魚類では，ブリ，カンパチ，ブリ属（ブリ，カンパチ，ヒラマサ），マダイ，シマアジ，ヒラメだけが，それぞれに承認されているワクチンのみを使用することができる．その他の養殖魚種では，たとえ該当する病気が発生していても使うことはできない．このことは，養殖現場において，非常に大きな問題である．以下に各病気別に説明をする．

ブリ属のα溶血性連鎖球菌症：ワクチンが普及してから発生は大幅に減少した．しかし，本症は同じ養殖場で飼育されている，マアジやマサバ，カワハギ類等で急増している[22]．

β溶血性連鎖球菌症：ヒラメ以外の，シマアジ，カワハギ類で頻繁に発生し，ウマヅラハギでは最も深刻な病気になっている[23]．又，カワハギ類のような，市場規模の小さな養殖では，使用できる治療薬もほとんどなく，放置しなければならない状況も多い．

マダイイリドウイルス病：ほとんどの養殖魚に感染し発症する．特にイシガキダイやイシダイの被害は大きく，毎年発生し，全滅することも珍しくない．このため，イリドウイルス感染症ワクチンは，現場ではマダイよりもイシガキダイやイシダイ養殖で使用したいワクチンである．しかし，市場規模の小さい養殖魚種ではワクチンの開発費等が回収できないことから，今後もこれらの魚種を対象にしたイリドウイルス感染症ワクチンが承認（効能拡大）されることは期待できない．

養殖現場としては，特定の魚種のみの使用で限定しているワクチンではなく，使用対象魚種の制限を外した，水産用○○病ワクチン，すなわち，全ての養殖魚に一様に使用できるものを希望する．必要なものを本当に必要な現場で使用できてこそ，高い効果が得られる，と考える．

4）海面養殖でのニーズ

現場で，最も必要とされるワクチンは，エドワジエラ症ワクチンである．第2の人気ワクチンに成り得る筆頭候補である．ブリのノカルジア症や細菌性溶血性黄疸も重大な病気であるが，地域が限定されたり，散発的発生が多いこと，又対処法も存在することから，これらに対するワクチンが実用化されても一部でしか使用されず，全国的には普及しないと推察する．

一方，エドワジエラ症は，現在はヒラメの最も重要な病気で，猛烈な勢いでマダイにも被害が拡大している[24]．最近のマダイの養殖現場では，マダイイリドウイルス病を抜き，最も深刻な病気である．しかも2つの魚種とも，全国的に発生が見られる．ワクチンの使用が認められれば，現在の平均的なワクチン価格でも，全国の養殖場で使用されるだろう．使用するしないにかかわらず，多種のワクチンが必要なのは言うまでもない．魚病対策の選択肢が広がることは，経営をより安定させるからだ．

又，薬剤で対処できないウイルス病（VHS，VNN，ビルナウイルス症等）のワクチンも必要である．現場の声として，エドワジエラ症を取り上げた．今後特に必要とするワクチンである．

一方，白点病やスクーチカ症，トリコジナ症等の原虫（原生動物）による被害も年々深刻になってきている[25]．たとえば，スクーチカ症は，ヒラメの病気として有名であるが，最近では，マダイ，スズキ，トラフグでも頻繁に寄生が見られる．特にマダイでは，脳に寄生した場合に深刻な被害が散発している．現在ではスクーチカ症は陸上のヒラメ養殖場だけでなく，沖合い漁場の海水中にも存在するようになったようである．

原虫症には治療薬が承認されていないので，淡水浴あるいは放置するしか対処方法がない．細菌感染症，ウイルス感染症と同様に，原虫症のワクチン開発も望まれる．

（水野芳嗣）

文　献

1) 村田　修（2005）：ブリ・ブリヒラ，水産増養殖システムⅠ海水魚（熊井英水編），恒星社厚生閣，p.1-29.
2) 室賀清邦（2004）：ブリの連鎖球菌症，魚介類の感染症・寄生虫病（江草周三監修，若林久嗣・室賀清邦編），恒星社厚生閣，p.198-203.
3) 室賀清邦（2004）：ブリの類結節症，魚介類の感染症・寄生虫病（江草周三監修，若林久嗣・室賀清邦編），恒星社厚生閣，p.206-211.
4) 室賀清邦（2004）：マダイイリドウイルス病，魚介類の感染症・寄生虫病（江草周三監修，若林久嗣・室賀清邦編），恒星社厚生閣，p.75-79.
5) 松岡　学（2000）：愛媛県下の養殖海産魚における疾病の発生状況および*Pasteurella piscicida*感染症に関する研究，愛媛県水産試験場研究報告，8，愛媛県水産試験場，177pp.
6) 平井真紀子・高木修作（2008）：養殖ブリの不明病の疫学的研究，平成19年度養殖衛生管理技術開発研究成果報告書，社団法人日本水産資源保護協会，pp.111-124.
7) 愛媛県農林水産統計年報（水産編）：愛媛県農林水産統計協会.
8) 村田　修（2005）：ヒラメ，水産増養殖システムⅠ海水魚（熊井英水編），恒星社厚生閣，p.83-109.
9) 青海忠久（1986）：ヒラメ，浅海養殖（社団法人資源協会編），大成出版社，p.246-265.
10) 福田　穣（1999）：1980年から1997年に大分県で発生した養殖海産魚介類の疾病，大分海水研調研報，2，41-73.
11) 中津川俊雄（1983）：養殖ヒラメの連鎖球菌症について，魚病研究，17，281-285.
12) 佐古　浩（1993）：海水魚および淡水魚から分離されたβ溶血性連鎖球菌の性状ならびに病原性，水産増殖，41，387-395.
13) Kim, J. H., D. K. Gomez, G. W. Baeck, G. W. Shin, G. J. Heo, T. S. Jung, S. C. Park（2006）：Pathogenicity of *Streptococcus parauberis* to olive flounder *Paralichthys olivaceus*, Fish Pathology, 41, 171-173.
14) 農林水産省統計部：漁業・養殖業生産統計年報
15) 桐生　透（2005）：ニジマス，水産増養殖システムⅡ淡水魚（隆島史夫・村井衛編），恒星社厚生閣，p.32.
16) 農林水産省消費・安全局畜水産安全管理課（2008）：水産用医薬品の使用について，21，p.18.
17) 原　武史・山崎隆義・田代文男・野本具視・小林光昭・木村喬久（1993）：成功・失敗事例集，魚類防疫への挑戦　サケ・マス編，緑書房，p.112-117.
18) 農林水産省消費・安全局：2006年水産用医薬品・魚病被害実態調査
19) 水野芳継（2004）：それぞれのイリドウィルス感染症，養殖，9，34-37.
20) 水野芳継（2004）：ヒラメのβ溶血性連鎖球菌症がなくなったのは，なぜ？，アクアネット，10，50-53.
21) 水野芳継（2007）：養殖ヒラメのレンサ球菌症の動向，養殖，5，30-33.
22) 水野芳継（2008）：粘性の強いL.ガルビエによるレンサ球菌症，アクアネット，4，48-51.
23) 水野芳継（2008）：単独養殖中に発生したカワハギとウマズラの病気，養殖，1，32-35.
24) 水野芳継（2003）：マダイのエドワジエラ症，ヒタヒタ増殖中，アクアネット，12，52-55.
25) 水野芳継（2006）：急増する寄生虫症をなんとかする方法，アクアネット，8，46-49.

第10章 ワクチンの安全性と有効性の確保（国家検定による品質管理）

§1. 薬事法に基づくワクチンの品質確保制度

　新動物用ワクチンが流通するには，まず開発メーカーにおいて，そのワクチンの安全性および有効性等を確認する試験が実験室内で行われる．これらが確認された後，臨床試験によりワクチンの一般使用時を想定した安全性および有効性が確認される．これらの実験室内および臨床試験成績を基に，新動物用ワクチンは薬事・食品衛生審議会薬事分科会で審議され，農林水産大臣により承認が与えられた後に，初めて流通することができる．又，新動物用ワクチンは，承認後の6年間に，市販後の安全性および有効性の調査を承認取得者が行わねばならず，又その調査成績は，薬事・食品衛生審議会薬事分科会で審議され，安全性および有効性の確認がなければ，承認が取り消される場合がある（再審査）．このように，動物用ワクチンの承認における安全性および有効性等について，薬事法に基づき十分な審査が行われている．

　更に，承認後に製造される動物用ワクチンは，製造されたロットごとに，メーカーにて安全性および有効性等の試験（自家試験）が行われるが，薬事法に基づき，農林水産大臣の指定する機関による検定を受け，これに合格しなければ，販売，授与，又は販売もしくは授与の目的での貯蔵，もしくは陳列してはならないとされる．動物用ワクチンは，自家試験と国家検定の二重のチェックにより安全性と有効性の確認の後，一般に流通する．後者の動物用ワクチンの国家検定は，農林水産省動物医薬品検査所で行われる．

§2. 国家検定の手順

　この国家検定は，ワクチンの製造販売業者によるそのワクチンの検定申請から始まる．この検定申請は都道府県知事を経由して動物医薬品検査所へ提出される．又，都道府県知事は，この申請書を受理したときに，各都道府県の薬事監視員に，メーカーが製造したワクチンの一部からワクチンの種類ごとに一定数の試験品と保存品を採取させ，採取したこれらのワクチンと残りのワクチン（検定合格後に販売するワクチン）を封印する．その後，試験品は動物医薬品検査所に送付され，保存品はメーカーに返却されてメーカーで保存される．この保存品は，ワクチンの有効期間経過後少なくとも3カ月間は保存しておかなければならないこととなっており，ワクチンの接種事故等，市販されているワクチンに問題が起きたときにその原因を究明できるようになっている．送付された試験品は動物医薬品検査所で開封され，国家検定を行う．検定の結果は動物医薬品検査所から都道府県知事に通知され，検定に合格した場合は，動物医薬品検査所から所要数の検定合格証紙が各都道府県に送付される．結果の通知を受けた都道府県知事は，結果を検定申請者である製造販売業者に通知し，検定合格の場合は，薬事監視員に保存品以外のワクチンの封印を開封させ，かつ，検定に合格したワクチンの容器又は被包に検定合格証紙で封を施す．その後，ワクチンは一般に流通する（図10-1）．

図10-1　動物用ワクチンの国家検定の手順

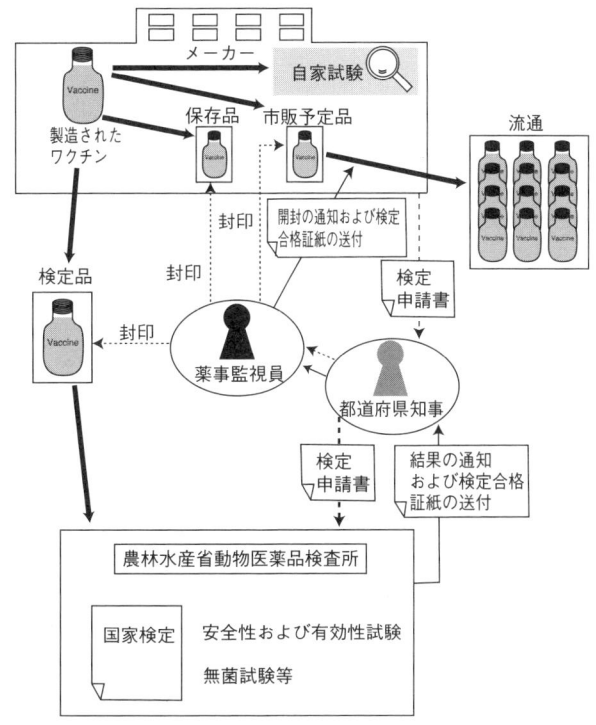

流通している動物用ワクチンの品質はメーカーにおける自家試験と国によって行われる国家検定の二重チェックによって確保されている．

§3．国家検定における試験の概要

3-1　試験項目

　製造された各ワクチンの安全性と有効性を判断する国家検定における試験は，動物用生物学的製剤検定基準に従って行われる（基準の詳細については，動物医薬品検査所ホームページ参照）．検定基準において，安全性に関する試験は基本的にはワクチンの接種対象動物を用いて行われるが，接種対象動物を用いることができない等の理由から，ワクチン接種対象動物とは異なったマウス等の実験動物を用いた毒性限度確認試験等が行われているワクチンもある．又，ワクチンに雑菌が混入していないことを確認する無菌試験や，生ウイルスワクチンではワクチンウイルス株以外のウイルスが混入していないことを確認する迷入ウイルス否定試験等も行われる．一方，有効性に関する試験は，接種対象動物を用いた攻撃試験や，抗体価測定試験，ウイルス含有量試験等が行われている．近年，動物愛護や攻撃試験による環境汚染の危険性を減ずる等の観点から，これら検定試験においても極力動物を用いない方法に移行しており，再審査が終了したほとんどの生ワクチンの有効性試験では，従来の対象動物を用いた攻撃試験等から，ワクチンのウイルス含有量を測定する試験に移行している．しかし，水産用ワクチンにおいては，不活化ワクチンであることやその歴史が浅く代替法が見つからないこともあり，一部のビブリオ病ワクチンで行われている抗体価測定法を除き，ほとんどのワクチンの有効性試験は，対象動物を用いた攻撃試験で行われている．

3-2　安全性試験

　ワクチンの安全性に関する試験の概要について紹介する．ワクチン投与対象動物を用いる安全

性に関する試験では，不活化ワクチンでは常用投与量，生ワクチンでは常用投与量の1〜10倍の投与量を投与して異常の有無を観察するという試験が一般に行われる．水産用ワクチンではすべてが不活化ワクチンであるため，安全性試験は常用投与量で行われている．たとえば，α溶血性レンサ球菌症ワクチンでは，ワクチン投与対象動物であるブリ又はカンパチ15尾以上に，ワクチン投与経路である腹腔内接種で，常用投与量である0.1 mlを接種し，10日間観察し，ワクチン投与魚の異常の有無を確認するという方法で行われる．又近年，アジュバントという免疫を増強又は持続する効果のある物質が添加された水産用ワクチンが承認された．このアジュバントを添加したワクチンは，一般的に接種反応が強く，又，注射局所でアジュバント等の残留も起こるため，安全試験終了時に剖検し，アジュバント等の著しい残留や著しい接種反応が起きていないことも確認される．

3-3 有効性試験

有効性に関する試験の概要について紹介する．不活化ワクチンでは，攻撃試験，抗体価測定試験，抗原定量試験等が行われ，生ワクチンでは，ウイルス含有量試験等が行われる．水産用ワクチンでは，この有効性に関する試験は，ほとんどのものがワクチン接種対象動物を用いた攻撃試験（一部のビブリオ病ワクチンを除く）で行われる．この攻撃試験は，水産用ワクチンは，ワクチン接種群とワクチン未接種群（以下，対照群とする）を設定し，それらの群を病原性株で攻撃して生死を観察し，ワクチン接種群の方が対照群より生存率が統計学上有意に高くなる又は生存率の差が所定の基準より高くなること（たとえば，生存率の差が40％以上など）を確認することで，ワクチンの有効性を確認する．この攻撃試験はワクチンの有効性を直接判断する試験だが，試験に病原性株を用いることから，攻撃試験に使用する施設は病原性株で環境の汚染を考慮し，特別な施設で行われるため，試験に多額の費用がかかる等の問題がある．そのため，ワクチン製造ごとに行わなければならない自家試験や国家検定における有効性試験は，攻撃試験以外の試験で評価しようという傾向がある．水産用ワクチンでも一部のビブリオ病ワクチンの有効性は，攻撃試験ではなく凝集抗体価を測定する試験で行われる．これは，ビブリオ病ワクチンを接種すると，接種された魚の血清中に凝集抗体というものが産生され，この凝集抗体がある一定量以上産生されると魚にビブリオ病に対する抵抗性が生じることから，この凝集抗体の量を測定し，ワクチンの有効性を確認するという方法である．一部のビブリオ病ワクチンの場合は，ワクチン接種群の凝集抗体価の幾何平均値が16倍以上あれば有効な防御が成立するというという実験成績から，ワクチンを接種したブリからワクチン接種10日目に採血し，その凝集抗体価を測定し，凝集抗体価の幾何平均が16倍以上で，すべてのワクチン接種魚の凝集抗体が4倍以上であればワクチンの有効性があると判断される．

§4. 最後に

このように水産用を含む動物用ワクチンにおいては，新しいワクチンの承認時の審査だけでなく，製造されるすべてのワクチンに対する安全性と有効性の試験がメーカーで行われる自家試験のみならず国によっても行われることにより，安全で有効なワクチンが一般に流通するようになっている．

(野牛一弘)

参考文献

動物用薬事関係法令集：(社) 日本動物用医薬品協会 (2007)
動物用医薬品等製造販売指針：(社) 日本動物用医薬品協会 (2007)
動物医薬品検査所ホームページ (http://www.maff.go.jp/nval/)

第11章 水産用ワクチンの許認可制度および使用体制

　水産用ワクチンは，他の動物用医薬品および人体用医薬品と同じく，薬事法により許認可制度が定められており，水産用ワクチンを含む動物用医薬品を業として製造販売するためには，農林水産大臣から動物用医薬品製造販売業の許可を受けると共に，製造販売しようとする医薬品の品目ごとに農林水産大臣の承認を受けることが必要である．薬事法において，「製造販売」とは，「その製造等（他に委託して製造をする場合を含み，他から委託を受けて製造をする場合を含まない．）をし，又は輸入をした医薬品を，販売し，賃貸し，又は授与すること」と定義されている．

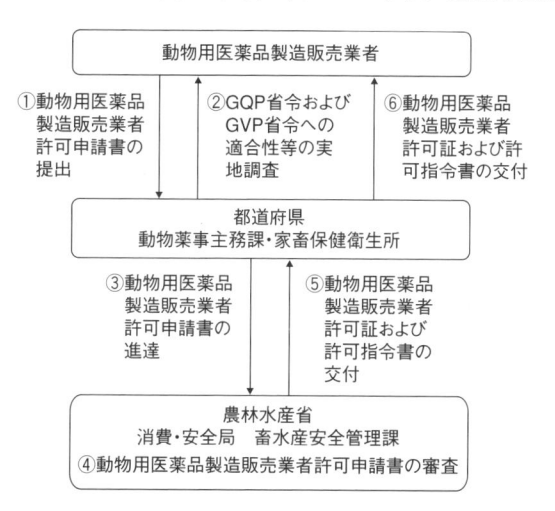

§1. 動物用医薬品製造販売業の許可

　動物用医薬品製造販売業の許可は，製造販売しようとする業者が，製造販売しようとする動物用医薬品に関する品質管理能力および販売後の安全管理能力等を備えているかを審査された上で与えられるもので，製造販売業者ごとに，製造販売しようとする品目の種類に応じた許可を受ける必要がある．

1-1 許可の要件

　薬事法の一部改正によって平成17年から導入された製造販売制度により，「動物用医薬品，動物用医薬部外品及び動物用医療機器の品質管理の基準に関する省令」（平成17年農林水産省令第19号）（GQP省令：Good Quality Practice，資料9参照）および「動物用医薬品，動物用医薬部外品及び動物用医療機器の製造販売後安全管理の基準に関する省令」（平成17年農林水産省令第20号）（GVP省令：Good Vigilance Practice，資料10参照）に適合することが，動物用医薬品製造販売業の許可の要件とされている．

1-2 許可の手続

　動物用医薬品製造販売業の許可の手続の概要を図11-1に示す．動物用医薬品製造販売業の許可

図11-1　動物用医薬品製造販売業の許可の手続き

を受けようとする業者は，動物用医薬品製造販売業許可申請書に添付すべき所定の書類を添え，都道府県動物薬事主務課又は家畜保健衛生所に提出する（提出先は，都道府県により異なる．）．申請書の提出を受けた都道府県主務課又は家畜保健衛生所は，申請書に基づいて，薬事監視員によるGQP省令およびGVP省令への適合性等について実地に調査を行い，その結果問題がないと判断すると，都道府県知事からの意見を添えて農林水産大臣に申請書を進達する．進達された申請書は，農林水産省消費・安全局畜水産安全管理課で審査され，支障がないと判断されると，農林水産大臣から都道府県知事を経由して動物用医薬品製造販売業許可証が申請者に交付される．

§2. 動物用医薬品の製造販売の承認

　動物用医薬品の製造販売の承認は，製造販売しようとする品目ごとに，その名称，成分，分量，用法，用量，使用方法，効能，効果，副作用その他の品質，安全性および有効性に関する事項を審査した結果与えられる．動物用医薬品の製造販売の承認を受けようとする製造販売業者は，薬事法に基づき，製造販売承認申請書に臨床試験の試験成績に関する資料その他の資料を添付して，農林水産大臣に申請する必要がある．なお，水産用ワクチンの製造販売の承認申請に関しては，「水産用生物学的製剤の開発研究について」（平成10年1月26日付け9水推第132号水産庁長官通知，資料1参照）により，水産用ワクチンの実用化は当面，不活化ワクチンについて行うものとされている．

2-1　必要な資料

　水産用ワクチンの製造販売の承認申請に際しては，原則として以下の資料を添付して申請することが求められる．

　① 起源又は発見の経緯，外国での使用状況等に関する資料
　② 物理的・化学的・生物学的性質，規格，試験方法等に関する資料
　③ 製造方法に関する資料
　④ 安定性に関する資料
　⑤ 毒性（安全性）に関する資料
　⑥ 薬理作用に関する資料
　⑦ 臨床試験の試験成績に関する資料

　製造販売承認申請書に添付される資料は，その信頼性を確保するため，全ての資料が，「動物用医薬品等取締規則」（平成16年農林水産省令第107号）第29条第1項の規定（一般基準）により，収集され，かつ，作成されたものであることが必要である．又，食用に供するために養殖されている水産動物に使用することを目的とする水産用ワクチンの毒性（安全性）に関する資料については，「動物用医薬品の安全性に関する非臨床試験の実施の基準に関する省令」（平成9年農林水産省令第74号）（GLP省令：Good Laboratory Practice，資料7参照）により，収集され，かつ，作成されたものであることが必要である．

　更に，臨床試験の試験成績に関する資料については，治験により収集する必要があり，治験の実施に当たっては，あらかじめ治験の計画を，治験計画届出書により農林水産大臣に届け出なければならない．治験計画届出書には，「動物用医薬品の臨床試験の実施に関する省令」（平成9年農林水産省令第75号）（GCP省令：Good Clinical Practice，資料8参照）に規定されている治験実施計画書を添付する必要があり，その中には，治験の対象とされる水産用ワクチンの品質，有効性および安全性に関する情報その他治験を依頼するために必要な情報の概要が記載されていなければならない．又，治験の依頼をしようとする者，治験の依頼を受けた者および治験の依頼をし

た者は，それぞれ，GCP省令に従って，治験の依頼をし，治験を実施し，および治験を管理しなければならない．

2-2 承認の手続

水産用ワクチンの製造販売の承認の手続の概要を図11-2に示した．水産用ワクチンの製造販売の承認を受けようとする製造販売業者は，動物用医薬品製造販売承認申請書に，前述の添付資料を添え，農林水産省動物医薬品検査所に提出する必要がある．動物医薬品検査所は，農林水産省消費・安全局畜水産安全管理課と連携して，申請書および添付資料に基づき，申請された水産用ワクチンの品質，有効性および安全性に関する審査（事務局審査）を行うと共に，添付資料の信頼性が基準に適合しているかについて調査（信頼性基準適合性調査）を行う．事務局審査および信頼性基準適合性調査が終了した後，薬事・食品衛生審議会に属する水産用医薬品調査会，動物用医薬品等部会および薬事分科会の順に審議等が行われる．又，食用に供するために養殖されている水産動物に使用することを目的とする水産用ワクチンについては，必要に応じて，食品安全基本法第24条第1項第8号に基づく食品安全委員会への食品健康影響評価に関する意見の聴取，および薬事法第83条第2項に基づく厚生労働大臣への残留性の程度に係る意見の聴取が実施される．

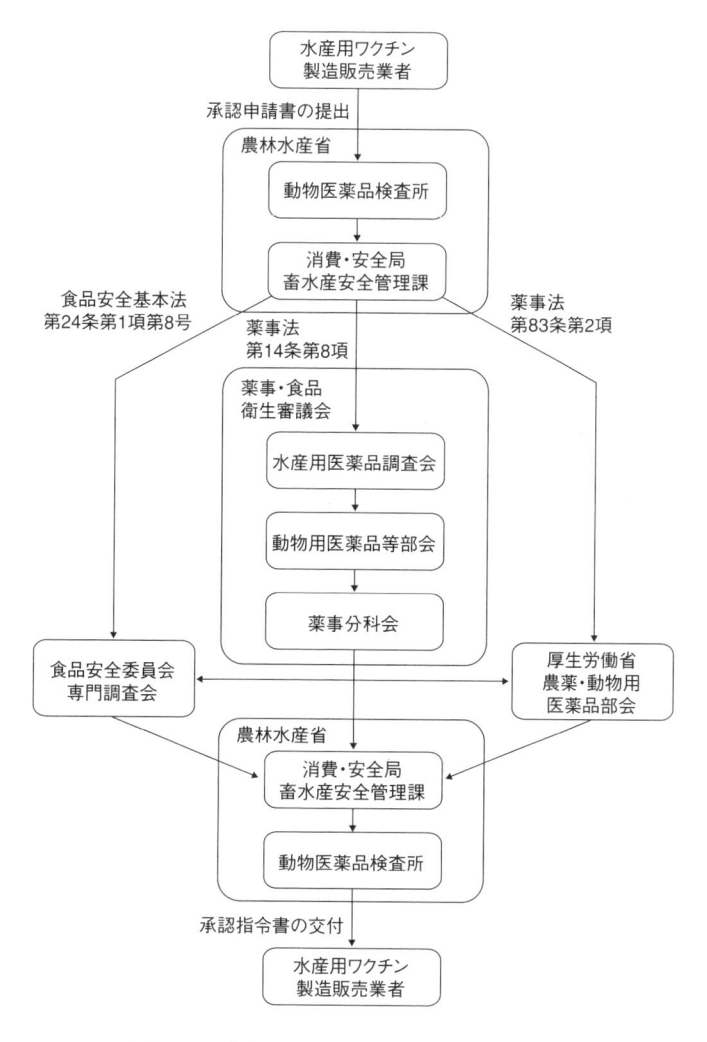

図11-2 水産用ワクチンの製造販売の承認の手続

薬事・食品衛生審議会，食品安全委員会および厚生労働大臣から，それぞれの答申を受け，最終的に水産用ワクチンとして，その品質，有効性および安全性が製造販売することに支障がないと判断されると，農林水産大臣の製造販売の承認指令書が，動物医薬品検査所から製造販売業者に交付される．

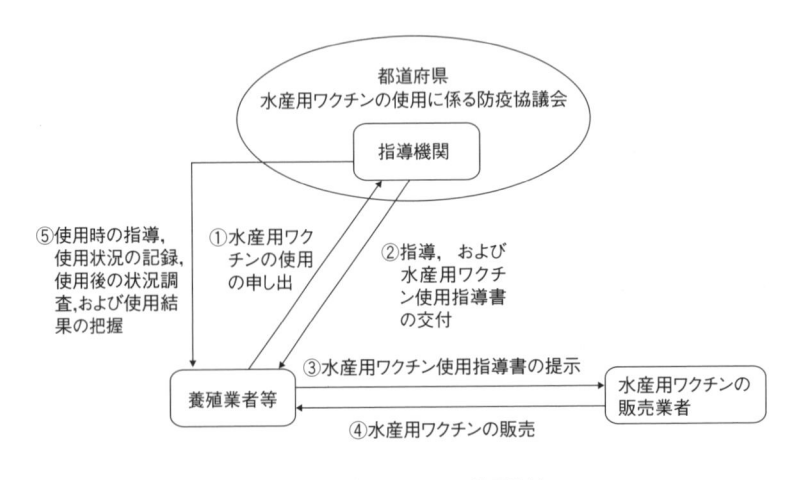

§3. 水産用ワクチンの使用体制

　水産用ワクチンは，薬事法に基づき劇薬に指定されているが，牛，馬，豚，犬，猫又は鶏に使用することを目的とするワクチンと異なり，要指示医薬品に指定されていない．そのため，その使用に当たっては，獣医師からの処方せんの交付又は指示を受けずに使用することができる．しかしながら，水産用ワクチンは，正しく使用しないと期待する効果が得られないこと，および，都道府県が地域の実情に応じた水産用ワクチンの的確な使用を指導する必要があることから，その使用については，「水産用ワクチンの取扱いについて」（平成12年4月19日付け12水推第533号農林水産省畜産局長及び水産庁長官連名通知，資料2参照）に基づくこととされている．

　水産用ワクチンの使用体制の概要を図11-3に示す．養殖業者等は，水産用ワクチンを使用しようとする場合，あらかじめその使用しようとする場所を管轄する都道府県の家畜保健衛生所，魚病指導総合センターおよび水産試験場等の指導機関に申し出を行う必要がある．申し出を受けた指導機関は，その養殖業者等が使用する対象魚等を検査の上，使用に関する指導を行い，指導を行った養殖業者等に対して，水産用ワクチン使用指導書の交付を行う．養殖業者等は，指導機関から交付された水産用ワクチン使用指導書を，水産用ワクチンの販売業者に提示することにより，水産用ワクチンを購入することができる．養殖業者等の水産用ワクチンの使用に際しては，指導機関はその使用に当たっての指導を行うとともに，使用時の状況を記録する必要があり，さらに，使用後の状況について検査を適宜実施する等使用結果の把握に努めることとしている．水産用ワクチンの有効性および安全性の評価ができるよう，指導機関は，指導および検査等の結果を年ごとに本通知で定められた様式により取りまとめ，2年間保存することとなっている．

図11-3　水産用ワクチンの使用体制

　水産用ワクチンについては，従来，単に微生物をホルマリン等で不活化したもののみが承認されていたが，平成20年1月に油性アジュバントを添加した水産用ワクチンが新たに承認された．油性アジュバントを含むワクチンでは，ワクチンの免疫原性が高められる一方で，ワクチンを接種した魚に，注射部位の著しい局所反応やアジュバント等の異物の残留が認められることがある．そ

のため，その使用上の注意には，①注射部位の著しい局所反応や異物の残留が消失するまでの期間の水揚げを禁止するとともに，②ワクチンを接種した魚を中間魚として出荷する場合には，出荷先に対して接種した日および水揚げできない期間を明示することが定められている（第4章2-9を参照）．このような新しい水産用ワクチンについても，前述の使用体制により，適正使用が確保されるようになっている．

　又，都道府県は，地域の実情に応じた，水産用ワクチンの的確な使用を指導するため，水産用ワクチンの指導機関を定め，管下の養殖業者等に周知させている．さらに，「水産用ワクチンの使用に係る防疫協議会の組織化について」（平成12年4月19日付け12－3121号農林水産省畜産局衛生課長及び水産庁資源生産推進部栽培養殖課長連名通知，資料4参照）により，各都道府県において，水産用ワクチンの使用に先立ち，指導機関の決定および指導機関を構成員として含む水産用ワクチンの指導に係る防疫協議会の組織化を行うことが求められており，本防疫協議会においては，毎年度，水産用ワクチンの使用状況および使用結果を検討し，指導内容の向上および指導機関相互の協力の推進等について協議することとされている．

（山本欣也）

第12章 水産用ワクチンの販売動向

§1. 概説

　日本における水産用ワクチンでは，最初に「あゆのビブリオ病不活化ワクチン」が，1988年8月に製造承認され，同年国家検定を受け翌年販売された（詳細については第4章2節参照）．又，米国からの輸入を含む「にじますのビブリオ病不活化ワクチン」も同年販売された．これらのワクチンはいずれも浸漬ワクチンであった．「あゆのビブリオ病不活化ワクチン」は約10年間販売されたが，アユの養殖現場におけるビブリオ病の流行がほとんど認められなくなったため製造・販売が中止された．「にじますのビブリオ病不活化ワクチン」は1992年より「さけ科魚類のビブリオ病不活化ワクチン」と名称を変更し販売されている．

　海産魚のワクチンは淡水魚に約10年遅れ，「ぶりのα溶血性レンサ球菌症」経口ワクチンが1997年1月に製造承認され同年販売された．「イリドウイルス感染症」注射ワクチンについては1998年12月に製造承認され1999年より販売が始まった．2000年以降は，魚類においても多価ワクチンの普及が始まり，2000年5月に「ぶりのビブリオ病/レンサ球菌症」，2002年12月には「ぶりのイリドウイルス感染症/α溶血性レンサ球菌症」の2価注射ワクチンが製造承認され，2004年4月に「ぶりのイリドウイルス感染症/ビブリオ病/α溶血性レンサ球菌症」の3価ワクチンが製造承認された（いずれも同年に国家検定が行われた）．なお，2004年1月に，「ひらめのβ溶血性レンサ球菌症」注射ワクチンが製造承認され，同年国家検定が行われた．

§2. 水産用ワクチンの販売高の推移

　図12-1は我が国における水産用ワクチンの販売高の推移を示した．"アユ"と"ニジマス"だけ

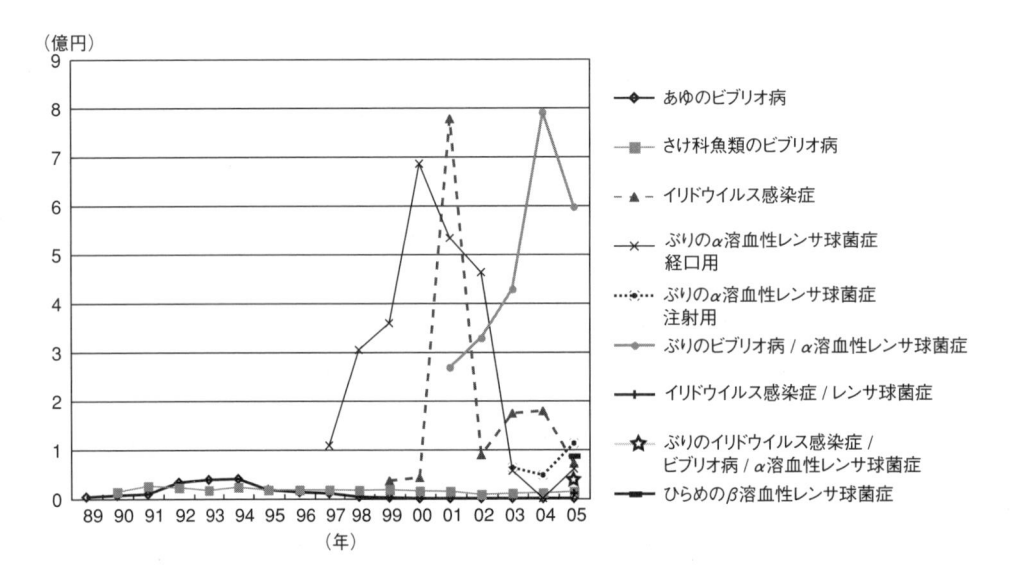

図12-1　水産用ワクチンの販売高の推移

第12章　水産用ワクチンの販売動向

表12-1　魚類製剤検定状況（年度別年間合格数量　単位：リットル）

	あゆのビブリオ病	さけ科魚類のビブリオ病	ぶりのビブリオ病	ぶりのα溶血性レンサ球菌症（経口）	ぶりのα溶血性レンサ球菌症（経口）酵素処理	ぶりのα溶血性レンサ球菌症（注射）	ひらめのβ溶血性レンサ球菌症	ぶりのビブリオ病/α溶血性レンサ球菌症混合	イリドウイルス感染症	ぶりのイリドウイルス感染症/α溶血性レンサ球菌症混合	ぶりのイリドウイルス感染症/ビブリオ病/α溶血性レンサ球菌症混合
1988	7,475	2,032									
1989	0	2,392									
1990	1,799	0									
1991	2,744	2,072									
1992	2,530	2,069									
1993	3,589	2,019									
1994	5,302	0									
1995	1,033	2,082									
1996	1,443	2,014									
1997	0	2,049		73,278							
1998	0	2,013		60,048							
1999	0	2,023		58,944					699		
2000	0	2,037		69,528				802	1,619		
2001	0	2,025		72,223	2,815	2,635		2,137	747		
2002	0	1,978		16,081	2,011	634		2,199	1,485.5	1,272	
2003	0	1,621		520	2,023	2,027.2		0	598	2,257.4	
2004	0	1,630	959	526	1,371	2,277	258.1	998	452.5	401	659
2005	0	1,646	0	0	1,397	1,149.6	114.7	750.2	1,048.5	364.2	638.2
2006	0	4,153	0	0	0	1,468.9	95.1	780	761	1,663.2	1,076
2007	0	2,579.5	606.5	0	2,778.5	986	104.4	546			2,192
合計	25,915	38,434.5	1,565.5	351,147	12,395.5	11,177.7	572.3	8212.2	7410.5	5957.8	4,565.2
製造所・商品名	共立、京都微研、日生研、化血研	共立　1988年注輸入	インターベット　ノルバックスビブリオ	共立：ビシバック　京都微研：マリンサレンサ	日生研：アマリンレンサ	科創研：ポキレドン［レンサ球菌］、松研：Mバックレンサ バイオ科学、マリンジェンナー　レンサ1、京都微研	松研：Mパックイニエ	共立：ビシバック　注　ビブリオオートレンサ　京都微研：マリンコンビ-2	阪大微研：イリド不活化ワクチン［ピシン］	阪大微研：イリド・レンサ混合不活化ワクチン［ピシン］	共立：ビシバック　注3混
対象魚種	アユ	1988.12〜ニジマス、1992.11〜サケ科魚類に拡大	ブリ属	ブリ、2006年ブリ属に拡大	ブリ	ブリ属	ヒラメ	ブリ	マダイ、ブリ属、シマアジ	ブリ属	ブリ属

資料：家畜衛生統計

が対象であった1989〜1996年までは6,354万円が最高であったが,「ぶりのα溶血性レンサ球菌症」ワクチンの販売が開始された1997年には約2倍の1億3,626万円に, 2001年にはさらに増加して15億9,315万円になった. この背景には,「イリドウイルス感染症」ワクチンの普及拡大に加え,「ぶりのビブリオ病/レンサ球菌症」の2価ワクチンがこの年に販売が始まったことが関係していると思われる. その後は年ごとの変動はあるものの水産用ワクチンは7億〜10億円台の市場を確保している.

表12-1に国家検定合格数量の推移を示したが, 検定されたものが全て販売されたとは限らず, 実際の現場での使用量を正確に反映していない可能性がある. 又, 経口ワクチンは注射ワクチンに比べ1尾当たりの使用量が多く, しかも多価ワクチンが次第に多くなってきているため, ワクチンの容量（本章ではリットルで表示）は必ずしもワクチンを接種した魚の数を示すものではない. ワクチンの現場での価格は販売後随時値下がりするため, 販売高が現場での使用量を正確に反映していない. しかも, 農林水産大臣宛に製造販売業者が毎年販売高を報告することになっているが, きちんと報告していない場合もある. 以上のように, 国家検定数量と販売高, いずれをとっても, 現場における使用実態を正確に反映することが難しく, ここに示したデータは水産用ワクチンの使用に関する大まかな動向である.

図12-2に動物用抗菌剤およびワクチンの経年販売高を示す. 1990年から2005年までの15年間の全動物種向け（主としてペットや家畜用）の抗菌剤（サルファ剤＋合成抗菌剤＋抗生物質）とワクチンの販売高を比較したところ, 1990年は抗菌剤344億円, ワクチン147億円で抗菌剤の販売高がワクチンの2.3倍であった. 1999年には逆転してワクチンの販売高の方が多くなり, 抗菌剤204億円とワクチン218億円になり, 2001年以降は抗菌剤の販売高がほぼ毎年減少し, 2001年212億円, 2003年151億円, 2005年142億円であった. これに対してワクチンの販売高は徐々に増加し, 2001年228億円, 2003年239億円, 2005年245億円となった. 残念ながら, 水産用抗菌剤と水産用ワクチンの集計はないが, 同様な傾向が水産についても認められ, 現在ではワクチンの販売額が抗菌剤の販売額を上回っている.

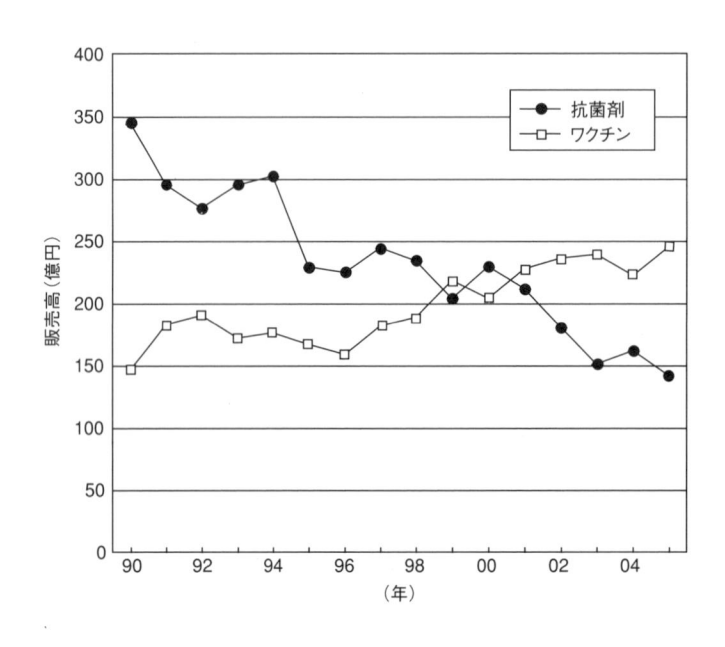

図12-2 動物用抗菌剤（サルファ剤, 合成抗菌剤, 抗生物質）およびワクチンの経年販売高

§3. 抗菌剤治療よりワクチンによる予防へ

　細菌性の病気には，抗生物質や合成抗菌剤による治療が有効な場合が多いが[3]，多用すると薬剤に対する耐性菌が出現し治療が困難になることもある．家畜の分野では，抗菌剤（抗生物質を含む）は治療以外にも成長促進剤として使用されている．ところが，動物の病原菌からヒトの病原菌への薬剤耐性因子（Rプラスミド）の移行の危険性があるため，ヨーロッパを中心に抗菌剤の成長促進剤としての使用に対し，抵抗感がある．このような事情から世界保健機関（WHO）はヒト以外への抗菌剤の使用を慎重にするように勧告している．我が国においても養殖生産量の半分を占める"ブリ養殖"において，北欧の"大西洋サケ"と同様に，"治療より予防"が励行されていることは喜ばしいことである．

（大島　慧）

文　献

1) 水産用医薬品の使用について（第20報）平成18年11月22日農林水産省消費・安全局畜水産安全管理課
2) 動物用医薬品，医薬部外品及び医療用具生産（輸入）販売高年報　平成2年〜平成17年農林水産省消費・安全局畜水産安全管理課
3) 動物用医薬品医療機器要覧2008年版（社）日本動物用医薬品協会編

第13章 魚類ワクチン開発における問題点と課題

本書第9章4節において，持続性の高いワクチン，安価なワクチン，広範囲な魚種で使用できるワクチン，多様なワクチンの豊富な品揃え，原虫症ワクチンに対する要望が大きいことが述べられているが，本章では，水産用ワクチンの開発・実用化に関連した問題点や課題について述べる．

§1. ワクチン評価法の確立

ワクチンの開発・実用化に際して有効性を評価する方法が重要であるが，現状では攻撃試験による死亡率を比較する以外の適切な評価法がない．哺乳類では血中抗体価の上昇を目安にしていることが多いが，魚類の場合ビブリオ病の注射ワクチンを除き，防御能と抗体価の間に相関が認められない場合が多い．たとえば，防御能が認められても，抗体価が認められないか，著しく低い場合もある．これは抗体が必ずしも有効性評価のための適切な指標とはなり得ないことを意味する．魚類においては，ワクチンによって誘導される特異的感染防御能は抗体を中心とした液性獲得免疫よりも，細胞傷害性Tリンパ球が主要な役割を果たす細胞性免疫や腸管免疫のような局所免疫，あるいは自然免疫がより重要な役割を果たしていると考えられる．しかし，現状では自然免疫に関わる免疫機能（貪食能，活性酸素産生能，補体・リゾチーム等の活性等）測定法はいくつか存在するが，細胞性免疫機能を検査する方法についてはクローンギンブナを用いた$in\ vivo$および$in\ vitro$における細胞性免疫機能検査法以外には確立されていない．養殖の対象となっている魚種においても，人工雌性発生法によりヒラメ，ニジマス，アユ等でホモ接合体クローン魚が実験的に作出されているが，ワクチンの検定に使える状況には至っていない．従って，今後，より簡便で広範囲な魚種に適用できる評価法を確立するためには，$in\ vitro$における細胞レベルでの細胞性免疫機能検査法の開発が望まれる．又，次節で述べるように，ワクチンの対象となる試験魚の確保が難しい場合には，代替魚種でワクチンの安全性や有効性を評価することができるようになることが望ましい．

§2. 試験魚の確保と供給

メーカーや国による自家検定や国家検定あるいは検査機関による安全性試験の実施に際して，ワクチン接種の対象となっている適当なサイズの魚を確保するために関係者は大変苦労している．今後一層ワクチン接種対象魚種が増加することが予想され，メーカーや各検査機関の自主努力にも限界がある．ノルウェーにおいては，VESO（Centre for Veterinary Contract Research and Commercial Services, Ltd.（獣医学契約研究・商業サービスセンター））と呼ばれるセンターがあり，試験魚の確保と供給を行うとともに，ワクチンの安全性や有効性を検討できる共同研究施設を備えている．この組織は当初ノルウェー政府が主導し創設されたものであるが，現在民営化されている．我が国においても，試験魚の確保・供給と実験設備を兼ね備えた施設が利用出来れば，他分野の企業も魚類のワクチン開発に参入しやすくなり，魚類ワクチンの開発の促進が期待されるので，同様の共同研究施設の創設を期待する．

§3. 多魚種，少生産の問題

　本書第9章4節において述べられているように，広範囲な魚種で使用できるワクチンが望まれている．特に，我が国の水産養殖においては，対象となる魚の種類が多く，一部の魚種を除いて生産規模が小さい．しかも，第1章にも述べたように，魚種間において免疫システムや病気に対する感受性あるいは抵抗性がそれぞれ異なり，基本的には種ごとに独自のワクチンを開発せざるを得ない．つまり，宿主側の反応性に基づいたワクチンは化学療法剤と同一に論じるわけにはいかない．こうした中で，ワクチンの安全性と有効性を担保しつつ，多くの魚種に使用できるようにする対応が求められる．たとえば，メーカー側の開発コストを増大させないために，「既承認のワクチンについて魚種拡大する際には，目の代表魚で安全性を担保し，同一の目に属する魚種については安全性試験を省略できるようにする」といったことも考えられる．しかし，アジュバントについては魚種により毒性が異なることが知られており魚種ごとに調べる必要がある．従って，安全性試験基準の簡素化・緩和はワクチンの種類や特性を十分考慮した上で実施するべきである．

§4. ワクチン開発・市販の迅速化

　第11章および資料1（魚類ワクチンの開発から市販までの流れ）に示されているように，たとえ室内実験で有効なワクチンが得られたとしても，治験届けの届け出と承認，野外試験の実施，製造承認申請と薬事・食品衛生審議会のいくつかの部会における審査，メーカーによる製造と自家検定，および動物医薬品検査所における国家検定を経て市販されることになり，野外における病気の流行や国の審査・承認や検定の関係から少なくとも3年間を要する．この過程は，ワクチンの安全性や有効性を保証するためには避けて通れないものであり省略することはできない．こうした状況において，甚大な被害を及ぼす新しい病気が発生した場合に，第6章で述べたように地域・期間限定のワクチンが認められれば，被害拡大を止められる可能性がある．我が国においても，メーカーが室内実験におけるデータを基に，試験開始1カ月前までに治験届けを農林水産大臣に届け出た後に，水産試験場や養殖業者の協力を得て野外試験を行っている．用いる病原体，地域および期間を限定することを条件に，野外における治験の枠を拡大する等の措置を取ることも考えられる．

§5. 細胞内寄生性細菌への対応

　養殖現場において甚大な被害があり開発が試みられているにもかかわらず，未だにワクチンの実用化に至っていない魚病細菌がいくつかある．パラコロ病あるいはエドワジエラ症を引き起こすエドワジエラ・タルダ*Edowardsiella tarda*および細菌性腎臓病（BKD）の原因菌であるレニバクテリウム・サルモニナラム*Renibacterium salmoninarum*がこれに相当する．又，せっそう病の原因菌であるエロモナス・サルモニシーダ*Aeromonas salmonicida*（海外においてアジュバント添加注射ワクチンとして市販されている）あるいは類結節症を引き起こすフォトバクテリウム・ダムセラ*Photobacterium damsela* subsup. *piscicida*（*Pasteurella piscicida*，最近我が国でもアジュバント添加注射ワクチンの開発によって実用化された）がある．これらの細菌はいずれも細胞内寄生性あるいは細胞との親和性が強い細菌と考えられ，マクロファージ等の貧食細胞に食べられても，死なずに細胞内で増殖し，血液を通して全身に拡がる．抗体は細胞内には入らないため，抗体を誘導しても細胞の中の細菌には効き目がない．又，細胞外の細菌についても，抗体や補体のオプソニン効果により貧食活性を高めると，逆に細菌の増殖を促進することになる．

　こうした場合には，液性免疫を誘導しても効果が期待できず，キラーTリンパ球が主役の細胞性

免疫を誘導し，マクロファージの殺菌活性を高めることが重要である．細胞性免疫機能を亢進させるアジュバントや手法が医学や獣医学において進んできており，こうした方法を水産学に応用することが期待される．又，インターフェロンγをはじめ細胞性免疫を亢進させる各種のサイトカイン遺伝子が魚類においても単離されてきており，今後こうしたサイトカインを用いた方法も期待される．

§6. 生ワクチンの開発

生ワクチンは，1回の接種で長期間持続する強い免疫が得られ，しかも，細胞性免疫や局所免疫を誘導しやすい等の理由から不活化ワクチンに比べて効果が高い．現在，我が国で市販されている動物用ウイルスワクチンのうち約2/3が生ワクチンであるという現状も，このことを裏付けている．しかし，生ワクチンには病原性の復帰という危険性が常につきまとっている．水産用ワクチンについても，「実用化は当面，不活化ワクチンについて行うものとする」との条項（資料1参照）がはずせないのもこの理由による．特に，水産における生ワクチンの実用化が困難な理由として，①陸上と水中では，ウイルスや細菌の伝播や増殖機構がかなり異なり，水中においては伝播や増殖が起こりやすいと考えられること，②水産養殖においては隔離が難しいこと，しかも，③病原体の宿主範囲（一般に魚病ウイルスの宿主範囲は哺乳類のウイルスに比べかなり広い）や自然界における分布，伝播機構がほとんどわかっていないこと，等が挙げられる．しかし，バイオテクノロジーを駆使して安全性に問題のない生ワクチンが開発されれば，水産においても生ワクチンの実用化は可能となるであろう．事実第6章で述べたように，アメリカナマズの腸敗血症やサケ科魚類の細菌性腎臓病（BKD）に対するワクチンが弱毒生ワクチンとして米国や南米・チリで市販されている．

§7. ワクチン投与法の改良

1) 注射投与法

最近，北欧で注射投与部位における組織の壊死や抗原・アジュバントの残留が問題となっている．我が国においては，鮮魚の状態で消費者に届く場合が多いので，この問題は看過できない．

2) 浸漬法

抗原をより多く魚体に取り込ませるための適当なアジュバント（免疫補助剤）の開発が重要な課題である．最近，畜産の分野において，病原体の侵入門戸あるいは増殖の場となっている粘膜にスプレー等によりワクチンを吹きかける，粘膜ワクチンが注目されている．本ワクチンは，進入門戸である投与部位により強い局所免疫を誘導すると共に，ワクチン接種の省力化，注射ストレスからの解放を目的としており，ワクチンをいかに粘膜上皮に取り込ませるかについての研究が始まっている．魚の体表は粘膜で覆われていることから，こうした研究の成果も今後，魚類のワクチンの改良に役立つと考えられる．

§8. 仔稚魚期における防御能の付与

海産魚におけるウイルス性神経壊死症（VNN）やサケ科魚類のIHNは，孵化直後の仔魚にも感染・発病し，多大な被害をもたらしている．これまでの研究から，ワクチン投与の背景をなす特異的免疫機能は，孵化直後の仔魚では発達しておらず，細胞性免疫機能は孵化後約2週齢，液性免疫機能は4～6週齢から発達することが明らかにされている．しかも，最初は成魚に比べ免疫応答能が低い．従って，孵化直後から，特異的免疫機能が成熟するまでの間は受動免疫に頼らざるを

得ない．

　免疫機能が発達していない，仔稚魚に防御能を付与する方法については，母親由来の抗体が卵黄を介して子供に伝わること（第14章2節参照）を利用することが考えられる．採卵用親魚を免疫すればよく，卵黄が大きく仔魚期が長いサケ科魚類には適用できる．事実，孵化後1カ月間防御できたという報告がある．

　一方，多くの海産魚の場合には数日で卵黄を吸収するため，この方法は期待できない．これらの魚種には，第14章で紹介するような仔稚魚の餌に抗体や抗菌物質を混合して投与する方法が考えられる．

（中西照幸）

参考文献

中西照幸（1998）：魚類ワクチン開発における問題点と課題，魚類防疫（若林編），海洋出版，p.149-153．
乙竹　充（2007）：便利で経済的な混合多価ワクチン，アクアネット，**10**，1030-1033．
乙竹　充（2007）：アユ冷水病ワクチン開発の現状と今日的課題，日本水産資源保護協会月報，**3**，8-12．

第14章 ワクチン以外の免疫学的予防法

§1. 受動免疫

ワクチン以外の免疫療法の一つとして，受動免疫と呼ばれるものがあり，当該病原菌に対するウサギ抗体等の動物血清を投与して予防や治療を行う．比較的高価な抗血清を1尾ずつ投与するのは実用的でないように思われるが，採卵用の親魚やマグロのように高価な魚には有効な方法の一つである．受動免疫による感染防御能の伝達については，細菌病ではビブリオ病，レッドマウス病，せっそう病，冷水病，カラムナリス病，類結節症，パラコロ病（エドワジエラ症）およびβ溶血性連鎖球菌症，ウイルス病についてはアメリカナマズウイルス病，原虫による病気では白点病において報告されている（表14-1）．なお，多くの場合ウサギやヤギ等の哺乳類の血清を用いても有効であるが，ニジマスの冷水病やタイセイヨウサケのせっそう病においては同種の血清を用いた場合のみ効果が認められている．又，同種の血清又は血漿を用いる場合でも，浸漬法で免疫した個体の血漿を用いた場合には，ビブリオ病では防御能の伝達が認められるが[1, 2]，レッドマウス病では伝達が認められない[3]．受動免疫による防御のメカニズムについては，血清を移入された個体における抗体価の上昇と攻撃試験による防御率に相関が認められることや，加熱処理や当該病原菌で吸収した血清では効果が認められないことが報告されていることから，主に血清中に含まれる特異抗体が感染防御に役立っていると考えられる．

ニワトリを免疫すると高濃度の抗体が卵黄に蓄積されることを利用して，この卵黄中の抗体（鶏卵抗体）を動物の血清抗体の代替として利用する方法が開発されており，鶏卵抗体の経口投与によるウナギのパラコロ病[4]やニジマスのレッドマウス病[5]等の予防の可能性が示されている．鶏の卵黄を精製せずに直接経口的に投与することにより予防が可能であれば，価格や労力の面からも通常の養殖魚に適用できると思われる．特に，投与期間が限られており，ワクチンの使用できない仔稚魚期において，鶏卵抗体の経口投与は有効な予防法と考えられる．

§2. 母子免疫

親魚を免疫すると感染防御抗体が卵黄を介して仔魚に伝わることを利用した，母子免疫という方法がある（図14-1）．この方法により特異的免疫機能が十分成熟していない仔稚魚に防御能を付与することが可能である．これまでに，コイ[24, 25]，インディアンメイジャーカープIndian major carp（*Labeo rohita*）[26]，マダイ[27]，グッピー[28]，テラピア[29, 30, 31]，タイセイヨウサケ[32]，シロザケ[33]，地中海スズキgilthead seabream（*Sparus aurata*）[34, 35]およびヨーロッパに分布するカレイの一種[36]で抗体が雌親魚から仔魚に移行することが確かめられている．又，母親から仔魚への補体成分の移行についてもニジマス[37]やゼブラフィッシュ[38]において報告されている．これらの母親由来の生体防御因子が仔稚魚の感染防御に関与していることが，ニジマス[39]，アメマス[40]，テラピア[41]，ゼブラフィッシュ[38]において報告されているが，タイセイヨウサケにおいては卵に母親由来の特異抗体がわずかに検出されるが感染防御効果が認められなかったと述べられている[42]（表14-2）．ただし，母親由来の感染防御因子が卵や仔魚に移行した場合においても，有効な期間

第14章 ワクチン以外の免疫学的予防法

表 14-1 受動免疫による感染防御能の伝達例

魚種名	病名	血清の種類	投与方法	備考	文献
ニジマス	ビブリオ病	ニジマス血清又はウサギ血清	腹腔内注射	ニジマス血清およびウサギ血清いずれにおいても防御効果が認められ、ニジマス血清の場合には持続期間は2カ月間以上であった	Harrell et al. 1975 [6]
ニジマス	ビブリオ病	ニジマス、ウサギ、ヤギ血清	腹腔内注射	いずれの血清も免疫した場合と同様な防御効果を示した	Akhlaghi et al. 1999 [7]
ニジマス	レッドマウス病	ニジマス血清	腹腔内注射	浸漬法により免疫した個体の血清においては抗体価の上昇はほとんど認められなかったが、抗体価の上昇を示した	Olesen 1991 [8]
ニジマス	レッドマウス病	鶏卵黄抗体	経口又は腹腔内注射	腹腔内注射においては効果が認められたが、経口投与ではわずかな効果しか認められなかった	Lee et al. 2000 [5]
ニジマス	連鎖球菌症	ニジマス、ウサギ、ヤギ血清	腹腔内注射	いずれの血清も免疫した場合と同様な防御効果を示した	Akhlaghi et al. 1996 [9]
ニジマス	連鎖球菌症	ニジマス血清又はウサギ血清	腹腔内注射		Eldar et al. 1997 [10]
ニジマス	冷水病	ニジマス血清又はヤギ血清	腹腔内注射	ニジマス血清では防御能は伝達されたが、ヤギ血清で伝達されなかった	LaFrentz et al. 2003 [11]
ギンザケ	せっそう病	ニジマス血清	腹腔内注射		Spence et al. 1965 [12]
タイセイヨウサケ	せっそう病	サケ血清又はウサギ血清	腹腔内注射	ウサギ血清では効果が認められず	Cipriano R.C. (1983) [13]
ベニザケ	せっそう病	ウサギ血清	腹腔内注射		McCarthy et al. 1983 [14]
ギンザケ	せっそう病	ウサギ血清	腹腔内注射	持続期間：35〜41日間	Olivier et al. 1985 [15]
カワマス	せっそう病	ウサギ血清	腹腔内注射	特異抗体と防御率に相関が認められた	Marquis H. and R. Lallier 1989 [16]
テラピア	連鎖球菌症	テラピア血清	腹腔内注射	血清を加熱処理した場合にも防御効果が認められた	Pasnik et al. 2006 [17]
テラピア	連鎖球菌症	ウサギモノクローナル抗体	腹腔内注射	アメリカナマズ幼魚	Shelby et al. 2002 [18]
アメリカナマズ	アメリカナマズウイルス病	ナマズ血清	腹腔内注射		Hedrick and McDowell 1987 [19]
アメリカナマズ	白点病	マウスモノクローナル抗体	腹腔内注射		Lin et al. 1996 [20]
アメリカナマズ	カラムナリス病	ナマズ血清	腹腔内注射		Shelby et al. 2007 [21]
ウナギ	パラコロ病	鶏卵黄抗体	経口		Gutierrez et al. 1993 [22]
ハマチ	類結節症	ウサギ血清	腹腔内注射	免疫24時間以内においても予防効果が認められたが治療効果が認められなかった。	福田・楠田 1981 [23]

115

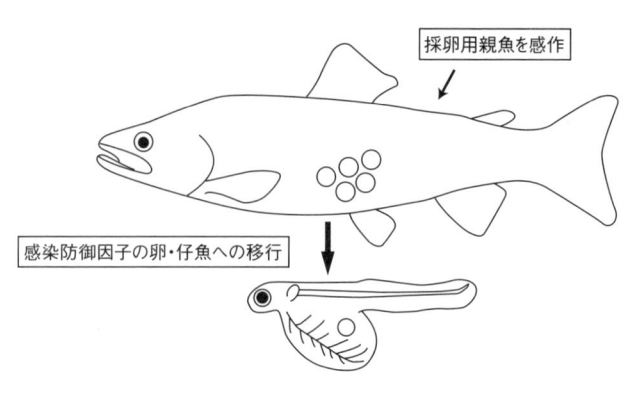

図14-1 母子免疫

表14-2 母子免疫による仔魚における感染防御能伝達に関する実験例

魚種名	病 名	有効性	攻撃試験の時期あるいは持続期間	備 考	文 献
ニジマス	IHN	有り	孵化後25日間	母親および卵の中和抗体価と一致	Oshima et al. 1996 [39]
タイセイヨウサケ	レッドマウス病	無し		卵や仔魚に母親由来の特異抗体がわずかに検出されるが感染防御効果が認められない	Lillehaug et al. 1996 [42]
アメマス	せっそう病	有り	孵化後14日目	不明	Kawahara et al. 1993 [40]
テラピア	白点病	有り		母親の血漿および仔魚組織中の抗体価と一致	Sin et al. 1994 [41]
ゼブラフィッシュ		有り		卵の抽出液に溶菌活性が認められ補体活性と一致	Wang et al. 2008 [38]

は卵黄を有している期間だけであるため，多くの海産魚のように数日で卵黄が吸収されてしまう場合には長期的な防御効果が期待できない．

　興味部深いことに，口腔内保育するテラピアにおいては，仔稚魚が口腔内において母親由来の生体防御因子を摂取し，これが白点病に対する感染防御に役立っていることが報告されている[41]．熱帯魚のディスカスにおいては，仔魚が親の体表の物質（ディスカスミルク）を摂取することが知られている．無胃魚や胃腺が未分化な仔魚では，摂食されたタンパク質は消化管内での分解が十分に行われず，高分子状態のまま腸管に入り直腸上皮細胞に飲作用により取り込まれ，細胞内に蓄積されることが知られている[43]．又，無胃魚のキンギョでは摂食されたタンパク質（シロサケの下垂体）が生理活性（生殖腺刺激ホルモン）を保持したまま，腸管から体内に吸収され，さらに血中に移行して排卵・排精を誘起することが報告されている[44, 45]．以上のことから，仔稚魚の餌に抗体や抗菌物質などを混合し経口的に投与する方法が考えられる．Kawaiら[46]はミジンコやワムシをベクターにしてホルマリンで不活化，あるいは加熱処理したビブリオ病菌をアユ稚魚に投与し，感染防御能が伝達することを報告している．ウイルス性神経壊死症（VNN）等は，孵化直後の仔魚に感染・発病し多大な被害をもたらしている．従って，免疫機能が十分発達していない仔稚魚に感染防御因子を経口的に投与する手法が有効と考えられる．

（中西照幸）

文　献

1) Muroga, K., A. Nakajima, T. Nakai (1995): Humoral immunity in ayu, *Plecoglossus altivelis*, immunized with *Vibrio anguillarum* by immersion method. In: Diseases in Asian Aquaculture II (ed by Schariff, M., Arthur, J.R. & Subasinghe, R.P.), *Asian Fish. Soc.*, Manila, p. 441-449.

2) Vilel, D., T.H. Kerstetter, J. Sullivan (1980): Adoptive transfer of immunity against *Vibrio anguillarum* in rainbow trout, *Salmo gairdneri* Richardson, vaccinated by the immersion method. *J. Fish Biol.* 17, 379-386.

3) Raida MK, K. Buchmann (2008): Bath vaccination of rainbow trout (*Oncorhynchus mykiss* Walbaum) against *Yersinia ruckeri*: effects of temperature on protection and gene expression. *Vaccine*, 26, 1050-1062.

4) Gutierrez, M.A., T. Miyazaki, H. Haruta, M. Kim (1993): Protective properties of egg yolk IgY containing anti-*Edwardsiella tarda* antibody against paracolo disease in the Japanese eel, *Anguilla japonica* Temminck & Schlegel, *J. Fish Diseases*, 16, 113-122.

5) Lee SB, Y, Mine, RM. Stevenson (2000): Effects of hen egg yolk immunoglobulin in passive protection of rainbow trout against *Yersinia ruckeri. J Agric Food Chem.*, 48, 110-115.

6) Harrell, L.W., H.M. Etlinger, H.O. Hodgins (1975): Humoral factors important in resistance of salmonid fish to bacterial disease. I. Serum antibody protection of rainbow trout (*Salmo gairdneri*) against vibriosis. *Aquaculture*, 6, 211-219.

7) Akhlaghi, M. (1999): Passive immunization of fish against vibriosis, comparison of intraperitoneal, oral and immersion routes. *Aquaculture*, 180, 191-205.

8) Olesen, N. J. (1991): Detection of the antibody response in rainbow trout following immersion vaccination with *Yersinia ruckeri* bacterins by ELISA and passive immunization. *J. Applied Ichthyology*, 7, 36-43.

9) Akhlaghi, M., B. Munday, R. Whittington (1996): Comparison of passive and active immunization of fish against streptococcosis (enterococcosis), *J. Fish Diseases*, 19, 251-258.

10) Eldar, A., A. Horovitcz, H. Bercovier (1997): Development and efficacy of a vaccine against *Streptococcus iniae* infection in farmed rainbow trout. *Vet. Immunol. Immunopathol.*, 56, 175-183.

11) LaFrentz, B.R., S.E. LaPatra, G.R. Jones, K.D. Cain (2003): Passive immunization of rainbow trout, *Oncorhynchus mykiss* (Walbaum), against *Flavobacterium psychrophilum*, the causative agent of bacterial coldwater disease and rainbow trout fry syndrome. *J. Fish Diseases*, 26, 377-384.

12) Spence K.D., J.L. Fryer, Pilcher (1965): Active and passive immunization of certain salmonid fishes against *Aeromonas salmonicida. Can J Microbiol.*, 11, 397-405.

13) Cipriano R.C. (1983): Resistance of salmonids to *Aeromonas salmonicida*: relation between agglutinins and neutralizing activities. *Trans. Amer. Fish. Soc.* 112, 95-99.

14) McCarthy D.H., D.F. Amend, K.A. Johnson, J.V. Bloom (1983): *Aeromonas salmonicida*: determination of an antigen associated with protective immunity and evaluation of an experimental bacterin. *J. Fish Dis.*, 6, 155-174.

15) Olivier G., T.P.T. Evelyn, R. Lallier (1985): Immunogenicity of vaccines from a vilulent and an avilurent strain of *Aeromonas salmonicida. J. Fish Diseases*, 8, 43-55.

16) Marquis H., R. Lallier (1989): Efficacy studies of passive immunization against *Aeromonas salmonicida* in brook trout, *Salvelinus fontinalis* (Mitchell), *J. Fish Diseases*, 12, 233-240.

17) Pasnik D.J., J.J. Evans, P.H. Klesius (2006): Passive immunization of Nile tilapia (*Oreochromis niloticus*) provides significant protection against *Streptococcus agalactiae. Fish Shellfish Immunol.*, 21, 365-371.

18) Shelby, R.A., P.H. Klesius, C.A. Shoemaker, J.J. Evans (2002): Passive immunization of tilapia, *Oreochromis niloticus* (L.), with anti-*Streptococcus iniae* whole sera. *J. Fish Diseases*, 25, 1-6.

19) Hedrick R.P., T. McDowell (1987): Passive transfer of sera with antivirus neutralizing activity from adult channel catfish protects juveniles from channel catfish virus disease. *Trans. Amer. Fish. Soc.* 116, 277-281.

20) Lin T.L., T.G. Clark, H. Dickerson (1996): Passive immunization of channel catfish (*Ictalurus punctatus*) against the ciliated protozoan parasite *Ichthyophthirius multifiliis* by use of murine monoclonal antibodies. *Infect Immun.*, 64, 4085-4090.

21) Shelby, R.A., C. A. Shoemaker, P.H. Klesius (2007): Passive immunization of channel catfish *Ictalurus punctatus* with anti-*Flavobacterium columnare* sera. *Dis Aquat Organ.*, 77, 143-147.

22) Gutierrez, M.A., T. Miyazaki, H. Haruta, M. Kim (1993): Protective properties of egg yolk IgY containing anti-*Edwardsiella tarda* antibody against paracolo disease in the Japanese eel, *Anguilla*

japonica Temminck & Schlegel, *J. Fish Diseases*, **16**, 113-122.
23) 福田　譲・楠田理一（1981）：養殖ハマチの類結節症に対する受動免疫について，魚病研究，**16**，85-89.
24) van Loon JJA., R. van Oosterom, WB. van Muiswinkel (1981)：Development of the immune system in carp (*Cyprinus carpio*). *Comp Dev Immunol*, **1**, 469-470.
25) Huttenhuis HB, CP. Grou, AJ Taverne-Thiele, N. Taverne, JH. Rombout (2006)：Carp (*Cyprinus carpio* L.) innate immune factors are present before hatching. *Fish Shellfish Immunol*., **20**, 586-596.
26) Swain P., S. Dash, J. Bal, P. Routray, PK. Sahoo, S. Saurabh, SD.Gupta, PK. Meher (2006)：Passive transfer of maternal antibodies and their existence in eggs, larvae and fry of Indian major carp, *Labeo rohita*. *Fish Shellfish Immunol*, **20**, 519-527.
27) Kanlis G. et al. (1995)：Immunoglobulin concentration and specific antibody activity in oocytes and eggs of immunized red sea bream. *Fiheries Sciences*, **61**, 791-795.
28) Takahashi Y., E. Kawahara (1987)：卵胎生魚グッピーの母子免疫，*Nippon Suisan Gakkaishi*, **53**, 721-725.
29) Avtalion R.R., A. Mor (1992)：Monomeric IgM is transferred from mother to egg in tilapias. *Isr J Aqua*, **44**, 93-98.
30) Mor, A., R.R. Avtalion (1990)：Transfer of antibody activity from immunized mother to embryo in tilapias. *J. Fish Biology*, **37**, 249-255.
31) Takemura, A., K. Takano (1997)：Transfer of maternally-derived immunoglobulin (IgM) to larvae in tilapia, *Oreochromis mossambicus*. *Fish Shellfish Immunol*., **7**, 355-363.
32) Olsen, Y. A., C. McL. Press (1997)：Degradation kinetics of immunoglobulin in the egg, alevin and fry of Atlantic salmon, *Salmo salar* L., and the localisation of immunoglobulin in the egg. *Fish Shellfish Immunol*., **7**, 81-91.
33) Fuda H., A. Hara, F. Yamazaki, K. Kobayashi (1992)：A peculiar immunoglobulin M (IgM) identified in eggs of chum salmon (*Oncorhynchus keta*). *Dev. Comp. Immunol*., **16**, 415-423.
34) Hanif A., V. Bakopoulos, GJ. Dimitriadis (2004)：Maternal transfer of humoral specific and non-specific immune parameters to sea bream (*Sparus aurata*) larvae. *Fish Shellfish Immunol*., **17**, 411-35.
35) Picchietti S., G. Scapigliati, M. Fanelli, F. Barbato, L. Canese, M. Mastrolia, M. Mazzini, L. Abelli (2001)：Sex-related variations of serum immunoglobulins during reproduction in gilthead sea bream and evidence for a transfer from the female to the eggs. *J. Fish Biol*., **59**, 1503-1511.
36) Bly J.E., A.S. Grimm, I.G. Morris (1986)：Transfer of passive immunity from mother to young in a teleost fish: haemagglutinating activity in the serum and eggs of plaice, *Pleuronectes platessa* L. *Comp Biochem Physiol A*, **84**, 309-313.
37) Løvoll M., T. Kilvik, H. Boshra, J. Bøgwald, J.O. Sunyer, R.A. Dalmo (2006)：Maternal transfer of complement components C3-1, C3-3, C3-4, C4, C5, C7, Bf, and Df to offspring in rainbow trout (*Oncorhynchus mykiss*). *Immunogenetics*, **58**, 168-179.
38) Wang Z., S. Zhang, G. Wang, Y. An (2009)：Complement activity in the egg cytosol of zebrafish *Danio rerio*: evidence for the defense role of maternal complement components. *PLoS ONE*., **23**, e1463 (in press).
39) Oshima S., J. Hata, C. Segawa, S. Yamashita (1996)：Mother to fry, successful transfer of immunity against infectious haematopoietic necrosis virus infection in rainbow trout. *J Gen Virol*., **77**, 2441-2445.
40) Kawahara E., T. Inarimori, K. Urano, S. Nomura, Y. Takahashi (1993)：Transfer of maternal immunity of white-spotted char *Salvelinus leucomaenis* against furunculosis. *Nippon Suisan Gakkaishi*, **59**, 567.
41) Sin Y. M., K. H. Ling, T. J. Lam (1994)：Passive transfer of protective immunity against ichthyophthiriasis from vaccinated mother to fry in tilapia, *Oreochormis aureus*. *Aquaculture*, **120**, 229-237.
42) Lillehaug, A., S. Sevatdal, T. Endal (1996)：Passive transfer of specific maternal immunity does not protect Atlantic salmon (*Salmo salar* L.) fry against yersiniosis. *Fish Shellfish Immunol*., **6**, 521-535.
43) 渡辺良朗（1985）：仔魚の消化吸収機構，養魚飼料－基礎と応用（米　康夫編），恒星社厚生閣，p. 89-98.
44) Suzuki, Y., M. Kobayashi, K. Aida, I. Hanyu (1988)：Transportaion of physiologically active salmon gonadotropin into the circulation in goldfish, following oral administration of salmon pituitary extract. *J. Comp. Physiol. B*, **157**, 753-758.
45) Suzuki, Y., M. Kobayashi, O. Nakamura, K. Aida, I. Hanyu (1988)：Induced ovulation of the goldfish by oral administration of salmon pituitary extract. *Aquaculture*, **74**, 379-384.
46) Kawai, K., S. Yamamoto, R. Kusuda (1989)：Plankton-mediated oral delivery of *Vibrio anguillarum* vaccine to juvenile ayu. *Nippon Suisan Gakkaishi*, **55**, 35-40.

資 料

1.「水産用生物学的製剤の開発研究について」
　　（平成10年1月26日付け9水推第132号水産庁長官通知）

水産用生物学的製剤の開発研究について
　　　　　　　　　（平成十年一月二六日九水推第一三二号）水産庁長官から都道府県知事あて

　水産用生物学的調剤についての開発研究の推進については，従来「水産用生物学的製剤の開発研究について」（昭和五七年六月十八日付け五七水研第七一二号水産庁長官通達）により指導してきたところであるが，これまでの水産用生物学的製剤の実用化の実績を踏まえ，今後の実用化を促進するため，同通達を廃止し，今後，水産用生物学的製剤の治験実施計画に添付すべき資料を下記のとおりとするので，御了知の上，貴官下関係業者に対して指導方御配慮願いたい．

　　　　　　　　　　　　　　　　　記
1　水産用生物学的調剤の実用化は当面，不活化ワクチンについて行うものとすること．
　なお，遺伝子組換えコンポーネントワクチンについては，「農林水産分野等における組換え体の利用のための指針」（平成元年四月二〇日付け元農会第七四七号農林水産事務次官依命通達）第四章の一に基づく確認をすること．
2　薬事法（昭和三五年法律第百四十五号）第八十条の二第二項に定める治験の計画の届出は，動物用医薬品等取締規則（昭和三十六年農林水省令第三号）第六十九条に定める様式第三十二号により提出すること．なお，当該様式の備考四における治験実施計画書の記載において，毒性，薬理作用に関する情報とは次のとおりとする．
　　以上
（1）規格及び試験方法設定に係る試験
　　ア　無菌試験
　　イ　不活性化試験
　　ウ　純粋試験
（2）有効性試験
（3）安全性試験
（4）用法・用量設定に係る試験
（5）その他必要と認められる試験

2.「水産用ワクチンの取り扱いについて」

(平成12年4月19日付12-3121号,農林水産省畜産局衛生課長及び水産庁資源生産推進部栽培養殖課長連名通知)

水産用ワクチンの取扱いについて

(平成十二年四月十九日一二水推第五三三)

農林水産省畜産局長,水産庁長官から 各都道府県知事あて

水産用ワクチンの取扱いについては,下記のとおりとするので,御了知の上,関係機関への周知徹底及び指導方よろしくお願いする.

記

1　使用に当たっての取扱い

　　養殖業者等が,水産用ワクチンを使用するとする場合には,あらかじめその使用しようとする場所を管轄する都道府県の家畜保健衛生所,魚病指導総合センター,水産試験場等(以下「指導機関」という.)の指導を受け,別記様式第1号による水産用ワクチン使用指導書の交付を受けるものとする.

2　販売時の取扱い

　　動物用医薬品販売業者は,指導機関が交付した水産用ワクチン使用指導書を有する養殖業者等にのみ,当該ワクチンを販売するものとする.

3　都道府県の指導

(1) 各都道府県は,地域の事情に応じて,水産用ワクチン指導機関を定め,管下の養殖業者等に周知させる必要がある.

(2) 指導機関は,養殖業者等から水産用ワクチンを使用しようとする旨の申し出があった場合には,使用対象魚等を検査の上,使用に関する指導を行う必要がある.指導を行った養殖業者等に対しては,水産用ワクチン使用指導書を交付する必要がある.

(3) 指導機関は,養殖業者等が水産用ワクチンを使用する場合にも,その使用に当たっての指導を行うとともに,使用時の状況を記録する必要がある.また,使用後の状況について検査を適宜実施する等使用結果の把握に努める必要がある.

(4) 指導機関は,指導及び検査等の結果を,年ごとに別記様式第2号により取りまとめの上,二年間保存しておく必要がある.

4　その他

　　水産用ワクチンの使用に係る防疫協議会においては,毎年度,水産用ワクチン使用状況及び使用結果を検討し,指導内容の向上及び指導機関相互の協力の推進等について協議するものとする.

3．水産用ワクチン使用指導書

別記様式第1号

水産用ワクチン使用指導書

交付番号
交付年月日

1　養殖業者名（事業所番号）

2　指導年月日：年　月　日

3　指導内容
　（1）対象となる疾病及び当該養殖場における発生状況

　（2）投与予定魚
　　①魚種及び由来
　　②入手日：　　　年　　月　　日
　　③尾　数
　　④平均魚体重：　　　g
　　⑤総魚体重：　　　kg
　（3）投与
　　①投与予定年月日：　　　年　　月　　日
　　②使用ワクチン量：　　　ml（又は l ）

以上

　（4）所見

＊定められた用法・用量及び使用上の注意等を厳守すること．
　　　　　　　　　住　所
　　　　　　　　　電話番号
　　　　　　　　　指導機関名

4.「水産用ワクチンの使用に係る防疫協議会の組織化について」
 (平成12年4月19日付12-3121号,農林水産省畜産局衛生課長及び水産庁資源生産推進部
  栽培養殖課長連名通知)

水産用ワクチンの使用に係る防疫協議会の組織化について

(平成十二年四月十九日一二-三一三二)
農林水産省畜産局衛生課長,水産庁資源生産推進部栽培養殖課長から
各都道府県水産主務部長あて

　今般,「水産用ワクチンの取扱いについて」(平成十二年四月十九日付け十二水推第五三三号農林水産省畜産局長,水産庁長官通知)が定められたところであるが,上記通知にあるとおり,水産用ワクチンの的確な使用を指導するためには,各都道府県において,地域の実情に応じ,指導機関を定めるとともに,水産用ワクチンの指導に係る防疫協議会(以下「防疫協議会」という.)を設置することが肝要である.ついては,水産用ワクチンの使用に先立ち,指導機関の決定及び指導機関を構成員として含む新たな防疫協議会の組織化を行うようお願いする.
　なお,「水産用ワクチンの使用に係る防疫協議会の組織化について」(平成九年一月八日付け八-三五〇九農林水産省畜産局衛生課長,水産庁研究部研究課長通知)は廃止する.

5. 動物用生物学的製剤基準

ぶりのα溶血性レンサ球菌症ワクチン(経口投与型)を付1に示す.他のワクチンについては下記の要領で閲覧することができる.
　動物医薬品検査所のホームページの「分野別情報」の「検定・検査情報」の「動物用生物学的製剤基準・検定基準等」に掲載されている.
　http://www.maff.go.jp/nval/sosiki/kijyun/index.html
　　例えば,ぶりα溶血性レンサ球菌症不活化ワクチン(経口投与型)は
　　198 (2009年2月現在)の表の左にSV16700.pdfがあり,
　　ここをクリックすると製剤基準が閲覧できる.

6. 魚類ワクチン開発の手順

水産用ワクチン開発の手順（解明すべき項目）

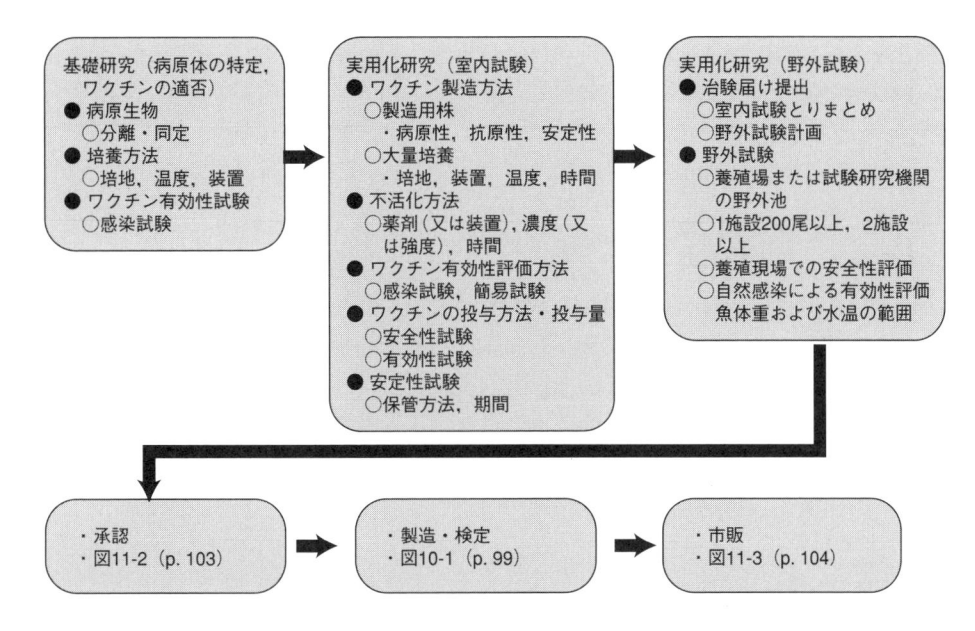

```
┌─────────────────────┐    ┌─────────────────────┐    ┌─────────────────────┐
│ 基礎研究（病原体の特定，│    │ 実用化研究（室内試験）│    │ 実用化研究（野外試験）│
│ ワクチンの適否）      │    │ ● ワクチン製造方法   │    │ ● 治験届け提出      │
│ ● 病原生物           │ →  │   ○製造用株          │ →  │   ○室内試験とりまとめ │
│   ○分離・同定        │    │    ・病原性，抗原性，安定性│  │   ○野外試験計画     │
│ ● 培養方法           │    │   ○大量培養          │    │ ● 野外試験          │
│   ○培地，温度，装置  │    │    ・培地，装置，温度，時間│  │   ○養殖場または試験研究機関│
│ ● ワクチン有効性試験 │    │ ● 不活化方法         │    │     の野外池         │
│   ○感染試験          │    │   ○薬剤（又は装置），濃度（又│ │   ○1施設200尾以上，2施設│
│                      │    │     は強度），時間   │    │     以上             │
│                      │    │ ● ワクチン有効性評価方法│  │   ○養殖現場での安全性評価│
│                      │    │   ○感染試験，簡易試験│    │   ○自然感染による有効性評価│
│                      │    │ ● ワクチンの投与方法・投与量│ │     魚体重および水温の範囲│
│                      │    │   ○安全性試験        │    │                      │
│                      │    │   ○有効性試験        │    │                      │
│                      │    │ ● 安定性試験         │    │                      │
│                      │    │   ○保管方法，期間    │    │                      │
└─────────────────────┘    └─────────────────────┘    └─────────────────────┘
                                                                  │
         ┌────────────────────────────────────────────────────────┘
         ↓
┌──────────────┐    ┌──────────────┐    ┌──────────────┐
│・承認          │ → │・製造・検定   │ → │・市販         │
│・図11-2 (p.103)│    │・図10-1 (p.99)│    │・図11-3 (p.104)│
└──────────────┘    └──────────────┘    └──────────────┘
```

7. 動物用医薬品の安全性に関する非臨床試験の実施の基準に関する省令
（GLP省令：Good Laboratory Practice）

（平成九年十月二十一日農林水産省令第七十四号）

下記の方法による閲覧することができる．

1) 法令データ提供システム（http://law.e-gov.go.jp/cgi-bin/idxsearch.cgi）を開く．
2) 最下欄の「法令番号索引」において，平成9年，府省令，を選択し検索する．
3) 26番目に当該省令名が存在するので，ここをクリックする．
   http://law.e-gov.go.jp/cgi-bin/idxselect.cgi?IDX_OPT=3&H_NAME=&H_NAME_YOMI=%82%a0&H_NO_GENGO=H&H_NO_YEAR=9&H_NO_TYPE=5&H_NO_NO=&H_FILE_NAME=H09F03701000074&H_RYAKU=1&H_CTG=1&H_YOMI_GUN=1&H_CTG_GUN=1

8. 動物用医薬品の臨床試験の実施の基準に関する省令
   （GCP省令：Good Clinical Practice）

(平成九年十月二十三日農林水産省令第七十五号)

下記の方法により閲覧することができる．
   1) 法令データ提供システム（http://law.e-gov.go.jp/cgi-bin/idxsearch.cgi）を開く．
   2) 最下欄の「法令番号索引」において，平成9年，府省令，を選択し検索する．
   3) 27番目に当該省令名が存在するので，ここをクリックする．
      http://law.e-gov.go.jp/cgi-bin/idxselect.cgi?IDX_OPT=3&H_NAME=&H_NAME_YOMI=%82%a0&H_NO_GENGO=H&H_NO_YEAR=9&H_NO_TYPE=5&H_NO_NO= 7 5&H_FILE_NAME=H09F03701000075&H_RYAKU=1&H_CTG=1&H_YOMI_GUN=1&H_CTG_GUN=1

9. 「動物用医薬品，動物用医薬部外品及び動物用医療機器の品質管理の基準に関する省令」
   （GQP省令：Good Quality Practice）

(平成十七年三月九日農林水産省令第十九号)

下記の方法により閲覧することができる．
   1) 法令データ提供システム（http://law.e-gov.go.jp/cgi-bin/idxsearch.cgi）を開く．
   2) 最下欄の「法令番号索引」において，平成17年，府省令，を選択し検索する．
   3) 115番目に当該省令名が存在するので，ここをクリックする．
      http://law.e-gov.go.jp/htmldata/H17/H17F17001000019.html

10. 「動物用医薬品，動物用医薬部外品及び動物用医療機器の製造販売後安全管理の基準に関する省令」（GVP省令：Good Vigilance Practice）

(平成十七年三月九日農林水産省令第二十号)

下記の方法により閲覧することができる．
   1) 法令データ提供システム（http://law.e-gov.go.jp/cgi-bin/idxsearch.cgi）を開く．
   2) 最下欄の「法令番号索引」において，平成17年，府省令，を選択し検索する．
   3) 116番目に当該省令名が存在するので，ここをクリックする．
      http://law.e-gov.go.jp/htmldata/H17/H17F17001000020.html

付1

ぶりα溶血性レンサ球菌症不活化ワクチン

1 定義
ラクトコッカス・ガルビエの培養菌液を不活化した又は不活化したものを濃縮したワクチンである．

2 製法

2.1 製造用株

2.1.1 名称
ラクトコッカス・ガルビエKS-7M株又はこれと同等と認められた株

2.1.2 性状
ラクトコッカス・ガルビエKG（－）型に一致する性状を示し，α溶血性レンサ球菌症に対する免疫原性を有する．

2.1.3 継代及び保存
原株及び種菌は，継代に適当と認められた培地により継代する．
継代は原株で3代以内，種菌では5代以内でなければならない．
原株及び種菌は，凍結して－70℃以下又は凍結乾燥して5℃以下で保存する．

2.2 製造用材料

2.2.1 培地
製造に適当と認められた培地を用いる．

2.3 原液

2.3.1 培養
培地で培養した種菌を製造用培地に接種し，培養したものを培養菌液とする．
培養菌液について，3.1の試験を行う．

2.3.2 不活化
培養菌液にホルマリンを添加し，不活化したものを不活化菌液とする．
不活化菌液について3.2の試験を行う．

2.3.3 原液
不活化菌液又はこれを遠心して濃縮した菌を適当と認められた希釈用液に浮遊させたものを原液とする．
原液について，3.3の試験を行う．

2.4 最終バルク
原液を混合し，濃度調整し，最終バルクとする．

2.5 小分製品
最終バルクを小分容器に分注し，小分製品とする．
小分製品について，3.4の試験を行う．

3 試験法

3.1 培養菌液の試験

3.1.1 夾雑菌否定試験
一般試験法の無菌試験法を準用して試験するとき，又は検体をギムザ染色して観察するとき，ラクトコッカス・ガルビエ以外の菌を認めない．

3.1.2 生菌数試験

3.1.2.1 試験材料

####### 3.1.2.1.1 試料
検体をリン酸緩衝食塩液で10倍階段希釈し，各段階の希釈液を試料とする．

####### 3.1.2.1.2 培地
ブレイン・ハート・インフュージョン寒天培地（付記1）又は適当と認められた培地を用いる．

3.1.2.2 試験方法

各試料0.1mLずつを培地平板2枚以上に接種して培地表面に拡散させたものを，適当と認められた温度及び時間で培養後，生じた集落を数える．

3.1.2.3 判定

各試料ごとの集落数から生菌数を算出する．

検体中の生菌数は，1 mL中10^9個以上でなければならない．

3.2 不活化菌液の試験

3.2.1 不活化試験

3.2.1.1 試験材料

3.2.1.1.1 接種材料

検体を接種材料とする．

3.2.1.1.2 培地

ブレイン・ハート・インフュージョン寒天培地又はて適当と認められた培地を用いる．

3.2.1.2 試験方法

接種材料0.1 mLずつを培地5枚以上に接種して培地表面に拡散させたものを，適当と認められた温度で，7日間培養後，集落の有無を観察する．

3.2.1.3 判定

接種したすべての培地に集落を認めてはならない．

3.3 原液の試験

3.3.1 無菌試験

一般試験法の無菌試験法を準用して試験するとき，適合しなければならない．

3.4 小分製品の試験

3.4.1 特性試験

一般試験法の特性試験法を準用して試験するとき，固有の色調を有する均質な懸濁液でなければならず，異物又は異臭を認めてはならない．小分容器ごとの性状は，均一でなければならない．

3.4.2 pH測定試験

一般試験法のpH測定試験法を準用して試験するとき，pHは，固有の値を示さなければならない．

3.4.3 無菌試験

一般試験法の無菌試験法を準用して試験するとき，適合しなければならない．

3.4.4 ホルマリン定量試験

一般試験法のホルマリン定量法を準用して試験するとき，ホルマリンの量は0.3vol%以下でなければならない．

3.4.5 安全試験

培養菌液不活化ワクチンの場合は3.4.5.1の試験，培養菌液濃縮不活化ワクチンの場合は3.4.5.2の試験を行う．

3.4.5.1 培養菌液不活化ワクチンの安全試験

3.4.5.1.1 試験材料

3.4.5.1.1.1 接種材料

試験品を接種材料とする．

3.4.5.1.1.2 試験動物

水温25℃，循環式で7日間以上飼育し，異常のないことを確認した体重100g以上のぶり30尾以上を用いる．

3.4.5.1.2 試験方法

試験動物は，24時間以上餌止めした後，1群15尾以上ずつの2群に分ける．1群の試験動物に，魚体重1 kg当たり1日量として接種材料10mLを餌料中に混ぜて5日間経口投与し，試験群とする．他の1群は対照群とし，試験群と同様の方法で水を餌料中に混ぜて5日間投与する．その後，それ

それ水温25℃，循環式で飼育し，14日間観察する．

3.4.5.1.3 判定
観察期間中，試験群及び対照群に臨床的な異常を認めてはならない．

3.4.5.2 培養菌液濃縮不活化ワクチンの安全性試験
3.4.5.2.1 試験材料
3.4.5.2.1.1 接種材料
試験品を水で10倍希釈したものを接種材料とする．

3.4.5.2.1.2 試験動物
水温25℃，循環式で7日間以上飼育し，異常のないことを確認した体重50g以上のぶり30尾以上を用いる．

3.4.5.2.2 試験方法
3.4.5.1.2の試験方法を準用する．

3.4.5.2.3 判定
観察期間中，試験群及び対照群に臨床的な異常を認めてはならない．

3.4.6 力価試験
3.4.6.1 試験材料
3.4.6.1.1 試験動物
3.4.5の試験に用いた動物を用いる．

3.4.6.1.2 攻撃用菌液
ラクトコッカス・ガルビエ強毒菌（付記2）の液体培養菌液をリン酸緩衝食塩液で希釈し，対照群の死亡率が80％と予測される希釈菌液を攻撃用菌液とする．

3.4.6.2 試験方法
3.4.5の試験最終日の前日から24時間餌止めした試験群及び対照群に，攻撃用菌液0.1mLずつを腹腔内に注射して攻撃した後，水温25℃で14日間観察して各群の生死を調べる．

3.4.6.3 判定
試験群の生存率は，対照群のそれより有意に高い値を示さなければならない（Fisherの直接確率計算法，$P<0.05$）．この場合，対照群は，60％以上が死亡しなければならない．

4 貯法及び有効期間
有効期間は，1年間とする．ただし，農林水産大臣が特に認めた場合は，その期間とする．

付記1　ブレイン・ハート・インフュージョン寒天培地

1,000 mL 中	
子牛脳浸出液	200 g
牛心浸出液	250 g
ペプトン	10 g
ブドウ糖	2 g
塩化ナトリウム	5 g
リン酸一水素ナトリウム	2.5 g
寒天	15 g
精製水	残量

加熱溶解後，pHを7.4に調整し，121℃で15分間高圧滅菌する．

付記2　ラクトコッカス・ガルビエ強毒菌
　　　　ラクトコッカス・ガルビエKG9502株又はこれと同等以上の毒力を有する株

索　引

（項目の解説頁を太字で示した）

■ ア行

IHN → 伝染性造血器壊死症
Ig → 免疫グロブリン
IgM　　2, 3, **6**, 9
IPN　　13, 52, 54, **56**, **58**, 61
アジュバント　　19, 21, 27, 28, 41, **42**, 47, 49, 54, 63, 100, 104, 111, 112
アメリカナマズウイルス病（CCVD）　　**57**, 115
アメリカナマズの腸敗血症　　52, **53**, 112
安全性試験　　99, **100**, 110, 111, 119
移植片拒絶反応　　**8**, 12
イリドウイルス感染症ワクチン　　39, 41, 42, 72, **73**, 79, 95, 106
インターフェロン　　4, 112
ウイルス性出血性敗血症（VHS）　　52, 53, **58**, 96
ウイルス性神経壊死症（VNN）　　49, **57**, 96
液性免疫　　1, **9**, 10, 12
エチレンイミン　　49
エドワジエラ・イクタルリ感染症　　52
エドワジエラ症　　**47**, 62, 84, 96, 111
NK細胞　　4
NCC　　4
エピゴナル器官　　2, 3
M細胞　　2
オートジーナスワクチン　　**52**, 53, 56

■ カ行

獲得免疫　　1, **2**, 12, 17
家畜保健衛生所　　20, 101, 102, **104**
活性酸素　　4, 13, 110
顆粒球　　3, **4**, 14
感染防御抗原　　17, **18**, 44, 58, 59
感染試験 → 攻撃試験
凝集抗体価　　62, **100**
胸腺　　2, 3, 4, 6, 9, **10**, 11
局所免疫　　1, **18**, 28, 112
魚病指導総合センター　　20, **104**
組み換え生ワクチン　　58
経口法　　19, **30**, 37
経口ワクチン　　19, **30**, **38**, 47, 70, 95, 106

鶏卵抗体　　63, 114
血中抗体価　　9, 10, 110
コイ春ウイルス血症（SVC）　　**56**, 61
好塩基球　　3, **4**
抗菌剤　　14, 54, 65, 72, 84, 86, 92, **108**, 109
攻撃試験　　44, 65, 99, 100, 110, 114, 116
抗原の競合・干渉　　19, **33**
好酸球　　3, **4**
抗体　　1, 6, 9, 10, 16, 28, 100, 110, 114
抗体価　　9, 99, **100**, 110
抗体産生器官　　2
抗体産生細胞　　9, 13, 14
好中球　　1, 3, **4**
効能書き　　19, **34**
国家検定　　**98**, 100, 108, 111
骨髄　　**2**, 3
古典経路　　4, 5

■ サ行

細菌性溶血性黄疸　　45, **46**, 78, 96
サイトカイン　　1, **7**, **8**, 13, 112
細胞傷害性T細胞　　**6**, 9
細胞性免疫　　1, **8**, 10, 12, 18, 59, 110
細胞溶解経路　　4
殺菌作用　　20
サブユニットワクチン　　17, **18**, 58
残留針　　27
CRP　　4, 5
GLP省令　　**102**, 123
GQP省令　　**101**, 102, 124
GCP省令　　**102**, 124
GVP省令　　**101**, 102, 124
自家試験（自家検定）　　**98**, 100, 111
CD4　　6
CD8　　**6**, 9
自然免疫　　1, **17**, 110
持続性　　54, 93, **94**, 110
弱毒生ワクチン　　17, **33**, 52, 112
受動免疫　　113, **114**, 115
主要組織適合遺伝子複合体（MHC）　　2, 6, 8, 59

128

使用上の注意　**19**, 29, 30, 34, 45
使用説明書　**19**, 27, 42, 88
食細胞（貧食細胞）　4, 5, 47, 111
新型連鎖球菌症　46
浸漬法　19, **28-29**, 52, 61, 79, 112
浸漬ワクチン　19, **28**, 29, 37, 38, 47, 49, 54, 79, 106
腎臓　2, 3, 4, 5, 10, 11
深度　**24**, 25, 88
水温　2, **12**, 21, 29, 34
水産試験場　20, **104**, 120
水産用医薬品　37, 65
水産用医薬品調査会　103
水産用ワクチン　19, **33**, 101, 103, **104**, 106
水産用ワクチン使用指導書　**104**, 120, 121
スクーチカ症　84, 96
ストレス　13, 19
静菌作用　20
製造販売　37, **101**, 102
成分ワクチン　58
赤血球　3
せっそう病　22, 49, 52, 53, 54, 71, 115
栓球　3
先天的免疫　1
増肉係数　82

■ タ行
第二経路　4, 5
多価ワクチン　20, **33**, 54, 59, 95, 106
単価ワクチン　**33**, 52, 79
単味ワクチン　→ 単価ワクチン
治験届け　**111**, 123
注射法　19, **22**
注射法の講習　22
注射ワクチン　20, **22**, 34, 39, 54, 79, 80, 81, 82, 108
腸関連リンパ組織（GALT）　2
腸溶性マクイロカプセル　62
DNAワクチン　52, 58, **59**, 60, 61, 62
Toll様受容体　**6**, 15
T細胞　1, **6**, 9
T細胞レセプター（TCR）　2, **6**
Tリンパ球　1, **4**, 6, 10, 12
適応的免疫　1
伝染性サケ貧血症（ISA）　52, 53, 54, 56, 61
伝染性膵臓壊死症（IPN）　52, 53, 54, 56, 58, 61
伝染性造血器壊死症（IHN）　52, 53, 54, **56**, 58, 59, 61, 62, 89, 91, 116
頭腎　2, 3, 10
動物医薬品検査所　98, 99, 103
動物用医薬品　49, **101**, 102
動物用生物学的製剤検定基準　44, **99**
動物用ワクチン　37, **98**, 99
トキソイド　17, 18
トランスフェリン　4
トリコジナ症　96

■ ナ行
生ワクチン　**17**, 18, 33, 52, 100, **112**
二次反応　9, 17
粘液　3, 4
ノカルジア症　45, 78, 82, 84

■ ハ行
パイエル板　2
白点病　48, 61, 96, 114, 115, 116
Bリンパ球　4, **6**, 12, 17
ピシリケッチア　53, 54, 58, 61
脾臓　2, 3, 9, 10, 11, 37, 73
ビブリオ病　29, 34, 37, 40, 42, **65**, 78, 89, 94, 106, 115
ビルナウイルス症　96
VHS → ウイルス性出血性敗血症
VNN → ウイルス性神経壊死症
不活化ワクチン　**17**, 18, 33, 47, 78, 99, 100, 102
プロテアーゼ　4
β溶血性連鎖球菌症　27, 35, 40, 84, **96**, 97
ペプチドワクチン　58, 59
ヘルペスウイルス病（OMVD）　**62**, 89
母子免疫　**114**, 116, 118
補体　1, 4, 5, 110, 114
ホルマリン　**17**, 33, 104, 126

■ マ行
マクロファージ　1, 4, 42, 111
麻酔　25, 26, 38, 40, 87
麻酔槽　25, 26, 87
マダイイリドウイルス病　54, **73**, 78, 80, 106
ミコバクテリア症　61, 78, 84
無胃魚　62, **116**

免疫学的寛容　　11
免疫グロブリン　　2, 6, 9
免疫増強剤　　14, 22

■ ヤ行

野外試験　　37, 52, **111**, 123
薬剤耐性因子　　109
薬事・食品衛生審議会薬事分科会　　98
薬事法　　23, 33, **98**, 101, 103
有効性試験　　99, **100**, 119
油性アジュバント　　27, 36, **42**, 47, 54, 104

■ ラ行

ライディヒ器官　　2, 3
卵黄　　113, **114**, 115
陸上水槽　　84, 86, 87

リゾチーム　　1, 4, **5**, 110
リポソームワクチン　　62
流水式陸上水槽　　84, 87
臨床試験　　37, **98**, 102, 123
リンパ球　　1, 3, 4, **6**, 10, 12, 14, 42
リンパ節　　2, 3
類結節症　　36, **41**, 44, 47, 52, 53, 54, 95, 111
冷水性ビブリオ病　　52, 53, 54, 55
冷水病　　47, 56, 62, 114, 115
レクチン　　4, **5**
レクチン経路　　4
レッドマウス病　　52, 53, 54, 59, 114, 115
連鎖球菌症　　38, 40, 41, 42, 46, 49, **71**, 93, 94, 96, 107
連続注射器　　22, **23**

水産用ワクチンハンドブック
<small>すいさんよう</small>

2009年3月31日 初版1刷発行

定価はカバーに表示

編者　中西照幸
　　　乙竹　充 ©

発行者　片岡一成

発行所　株式会社 恒星社厚生閣

〒160-0008 東京都新宿区三栄町8
Tel 03-3359-7371　Fax 03-3359-7375
http://www.kouseisha.com/

印刷・製本：シナノ

ISBN978-4-7699-1098-5 C3062

好評発売中

改訂・魚病学概論
小川和夫・室賀清邦 編

(B5判・210頁・定価3,990円)

教科書・入門書として好評を博した室賀清邦・江草周三編『魚病学概論』を全面改訂．持続的養殖生産確保法の制定，治療から予防へという魚病対策の新しい動向にふまえた知見と診断の最新技術，病原体の系統，分類体系の見直し・学名の変更など最新情報を網羅．[主要目次] 1．序論（魚病学の歴史／魚病学の領域と意義）2．魚類の生体防御（免疫応答の調節／魚類ワクチンなど）3．ウイルス病　4．細菌病，5．真菌病　6．原虫病　7．粘液胞子病　8．寄生虫病　9．環境性疾病およびストレス（主な環境性疾病など）10．栄養性疾病（必須栄養素／欠乏症と過剰症など）11．感染症の診断法と病原体の分離・培養法

魚介類の感染症・寄生虫病
江草周三監修
若林久嗣・室賀清邦 編

(B5判・480頁・定価13,125円)

養殖業の集約化は，生産量が増大する一方で，多種多様な病気，とりわけ感染症・寄生虫病が多発することになる．本書は，わが国水産養殖業界の現況を充分に踏まえ，また進展著しい魚病学研究の成果を内外の文献に求め，病気別に（1）病気の概要，（2）原因，（3）病気・病理，（4）疫学，（5）診断，（6）対策，（7）文献の順に解説し，各ページに資料写真等を多数掲げる．序論（若林久嗣），ウイルス病（吉水守・福田穎穂・室賀清邦），細菌病（室賀清邦・若林久嗣），真菌病（畑井喜司雄），原虫病（小川和夫・良永知義），粘液胞子虫病（横山博），単生病虫・大型寄生虫病（小川和夫）

改訂 魚類の栄養と飼料
渡邉 武 編

(A5判・430頁・定価7,350円)

今日，環境にやさしく，かつ魚介類の成長にとって最も有効な飼料が求められる．本書はそれを可能にする魚類の栄養研究とそれに基づく飼料開発の最新情報を詳細に紹介．目次　1．魚類養殖と養魚飼料の現状（渡邉武）2．魚類の摂餌と消化吸収（竹内俊郎）3．魚類のエネルギー代謝（村井武四）4．魚類の栄養と栄養素に対する要求（渡邉・竹内・佐藤秀一）5．甲殻類の栄養と栄養素に対する要求（越塩俊介）6．魚類の種苗生産と生物飼料（渡邉）7．仔稚魚の栄養（竹内）8．親魚の栄養（渡邉）9．魚類の栄養と健康（舞田正志・キロン・ヴィスワナス）10．飼料（山本剛史・秋元淳志・渡邉・青木秀夫）．

養殖の餌と水
―陰の主役たち
杉田治男 編

(A5判・190頁・定価2,625円)

養殖は食糧問題解決の重要な位置を占めるが，食の安心・安全の観点からは生産過程での薬剤使用や環境負担の軽減等課題がある．本書は進展著しい飼料生物学，魚類栄養学，増殖環境学，増殖微生物学の分野を俯瞰し，餌，養殖環境，微生物の活用等を平易に解説．テキストに最適．主な内容は，魚の栄養と飼料（佐藤秀一），水族の摂餌生態（秋山信彦），微細藻類（岡内正典），仔魚の餌料生物としての動物プランクトン（萩原篤志），養殖場の環境（杉田・江口充・吉川尚），循環濾過システム（糸井史朗），病原微生物の動態と衛生管理（永田恵里奈・江口・杉田），腸内細菌とプロバイオティクス（杉田）

魚類生理学の基礎
会田勝美 編

(B5判・272頁・定価3,990円)

近年，著しい進展を遂げる魚類生理学の最新知識を平易に解説するもので，総論で魚の体を構成している要素である細胞，組織と器官を各論において個体レベルの生理現象を有機的に捉え，水中に生活する魚類の特異な生態と，漁業・増養殖の基本情報を探る．
　その内容と執筆者　①総論（鈴木 譲・植松一眞・渡部終五・会田勝美）②神経系（植松）③呼吸と循環（難波憲二）④感覚（植松・神原 淳）⑤遊泳（塚本勝巳）⑥内分泌（小林牧人・金子豊二・会田）⑦生殖（小林・足立伸次）⑧変態（三輪 理）⑨消化と吸収（三輪）⑩代謝（会田）⑪浸透圧調節と回遊（金子）⑫生体防御（鈴木）etc.

恒星社厚生閣　　（表示定価は5％消費税を含みます）